风格穿搭
魔法书

杨秀 著

江苏人民出版社

图书在版编目（CIP）数据

风格穿搭魔法书/杨秀著. -- 南京:江苏人民出
版社, 2025. 4. -- ISBN 978-7-214-30259-5

I. TS941.717

中国国家版本馆CIP数据核字第2025ZV6218号

书　　　名	风格穿搭魔法书	
著　　　者	杨　秀	
项 目 策 划	凤凰空间／窦晨菲　李少君	
责 任 编 辑	刘　焱	
装 帧 设 计	李　迎	
特 约 编 辑	窦晨菲　李少君	
出 版 发 行	江苏人民出版社	
出 版 社 地 址	南京市湖南路1号A楼，邮编：210009	
总 　经 　销	天津凤凰空间文化传媒有限公司	
总 经 销 网 址	http://www.ifengspace.cn	
印　　　刷	北京博海升彩色印刷有限公司	
开　　　本	889mm×1 194 mm　1/32	
字　　　数	100千字	
印　　　张	5	
版　　　次	2025年4月第1版　2025年4月第1次印刷	
标 准 书 号	ISBN 978-7-214-30259-5	
定　　　价	69.80元	

（江苏人民出版社图书凡印装错误可向承印厂调换）

前 言

在过去的十七年中，我一直深耕服装设计领域，担任过国内上市公司高端女装品牌、国外轻奢女装品牌的研发部负责人，目前一直以品牌研发顾问的角色，为多家服装企业提供产品设计企划及推广服务。作为一名服装行业的从业者，我经常会考虑以下几个问题。

1. 从服装设计师的角度，如何根据品牌的风格定位为目标客户群体研发适合她们穿着的产品？

2. 从销售人员的角度，如何做到看客选衣，为客户推荐最符合她们整体形象和气质的服饰？

3. 从消费者的角度，如何选到最适合自己的服饰？

我认为这些问题都可以归为对生活美学的认知与理解，生活美学的范畴很广，而形象美学是生活美学的一部分，它包含了个体外表的审美观念，以及如何通过外在形象来塑造个人的内在品质与个性。我们每个人都有独一无二的形象，或者说每个人都有自己的风格，散发着独特的魅力和个性。可可·香奈儿说过："时尚易逝，风格永存。"风格关乎我们每个人的外在形态、性格、言行举止、态度和情感等。

从服装设计开发的角度，每个季度的产品都在推陈出新，结合流行趋势和元素，进行产品开发与设计，但开发的本质离不开品牌的核心要素——风格定位，品牌的风格定位对应适合这种风格穿搭的人群。那么，如何才能精准地为各个品牌提供适合它们的产品设计企划案和产品开发提案呢？首先要梳理品牌的风格定位，明确了风格定位，也就明确了品牌背后的目标消费者，工作起来也就游刃有余了。

我经常沉浸在自己的专业领域，很享受创作的过程，除了日常繁忙的工作，我还抽出时间做自媒体创作——"时界之秀 | 穿搭"，在小红书、知乎等平台用手绘的形式向大家分享一些服装穿搭内容，得到了很多朋友们的互动和反馈。

　　于是我也希望通过自己多年服装设计专业的知识积累和对穿衣美学的研究，从基础的美学概念到日常生活中常用的美学方法论，来帮助热爱美好生活的朋友们探索属于自己的着装风格。当然，如果你是服装行业从业者，我想本书的内容可以帮你更加深入地了解你的产品、了解你的客户，帮助你为客户提供更专业的服务。

　　我们怎样才能找到自己的风格呢？首先，从最直观的外在个体形态来分析，然后再结合我们的性格、喜好或生活方式来做最终的判断。在本书中我梳理了 25[1] 种不同的时尚穿搭风格，通过手绘笔记的形式来跟大家分享。当然穿搭风格远不止于此，我会一直更新创作，期待大家的反馈。

杨秀

2025 年 2 月 28 日

1　本书精选呈现了 17 种风格，另有 8 种延伸风格收录于电子版中，内文中带 * 号标注的风格即为电子版专属。扫描图书后勒口二维码，即可免费获取。

目录 CONTENTS

风格定位

穿搭风格的构成　2

16 种人物风格印象坐标图　4

人物风格自测　5

人物风格印象氛围关键词　10

人物风格对应的服装穿搭风格　11

17 种时装穿搭风格解析

01
芭蕾风

15

02
千禧风

23

03
非正式学院风

31

04

海军风

39 →

05

名媛风

47 →

06

朋克摇滚风

55 →

07

波希米亚风

63 →

08

老钱风

71 →

09

英伦风

79 →

10

酷飒御姐风

87 →

11

文艺休闲风

95 →

12

甜酷新中式风

103 →

13

新知识分子风

111 →

14

摩登新中式风

119 →

15

职场通勤风

127 →

16

法式田园风

135 →

17

街头嘻哈风

143 →

风格定位

测测你的风格 DNA，定义你的时尚 ID

穿搭风格的构成

穿搭风格包括人物风格和造型风格两个方面。人物风格取决于个人的五官和体型特征以及性格、审美观念等，而造型风格则是服饰、妆发等在不同的社会环境和时代背景等因素下产生的独特风格。完美的个人穿搭风格需要人物风格和造型风格相互协调适配，才能展现独特的个人魅力。

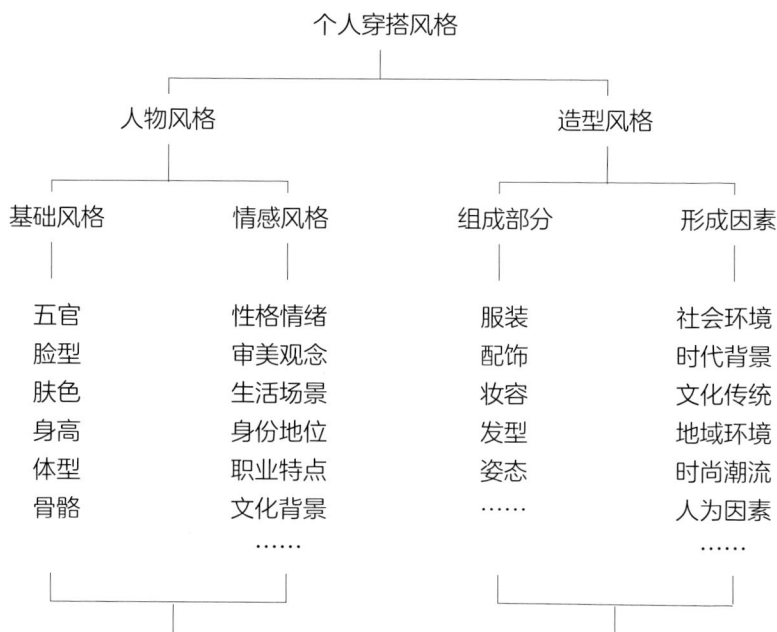

个人穿搭风格

人物风格　　　　　　　　　　造型风格

基础风格　　情感风格　　　　组成部分　　形成因素

基础风格	情感风格	组成部分	形成因素
五官	性格情绪	服装	社会环境
脸型	审美观念	配饰	时代背景
肤色	生活场景	妆容	文化传统
身高	身份地位	发型	地域环境
体型	职业特点	姿态	时尚潮流
骨骼	文化背景	……	人为因素
	……		……

俏皮型、甜美型、少年型、俊美型
罗曼型、优雅型、自然型、知性型
前卫型、异域型、古典型、都市型
浪漫型、华丽型、睿智型、戏剧型

千禧风、侘寂风 *、海军风、法式田园风、非正式学院风、甜酷新中式风、摩登新中式风、酷飒御姐风、新知识分子风、西部牛仔风 *、街头嘻哈风、芭蕾风、森系风 *、名媛风、英伦风、未来机能风 *、职场通勤风、朋克摇滚风、文艺休闲风、性感妖媚风 *、华丽贵气风 *、老钱风、浪漫哥特风 *、洛可可风 *、波希米亚风

不同个体的五官、体型和情感特征等形成不同的人物风格，而在不同的时代背景和社会环境等因素下产生不同的造型风格，图表中根据影响风格的因素把它们分类为 16 种人物风格和 25 种造型风格，那这两类风格之间要如何关联才能打造出完美的个人穿搭风格呢？

　　打造个人穿搭风格的第一步：认识自己，判断自己的人物风格。

　　根据曲直、量感，我们可以判断个人的基础风格，情感风格因受个人情绪、审美等变量的影响，比较难以量化，但每个人的性格特点还是有迹可循的，可以通过动、静来做判断。

　　了解了人物风格，再根据不同造型风格的服饰特点和穿搭要素所呈现出的风格特征来匹配人物风格，最终打造出完美的个人穿搭风格。

16 种人物风格印象坐标图

根据个体的基础风格和情感风格，把人物风格分类成 16 种风格特征。通过量感、曲直、动静三个要素，找出自己在坐标图中的位置，从而判断出所属的人物风格。

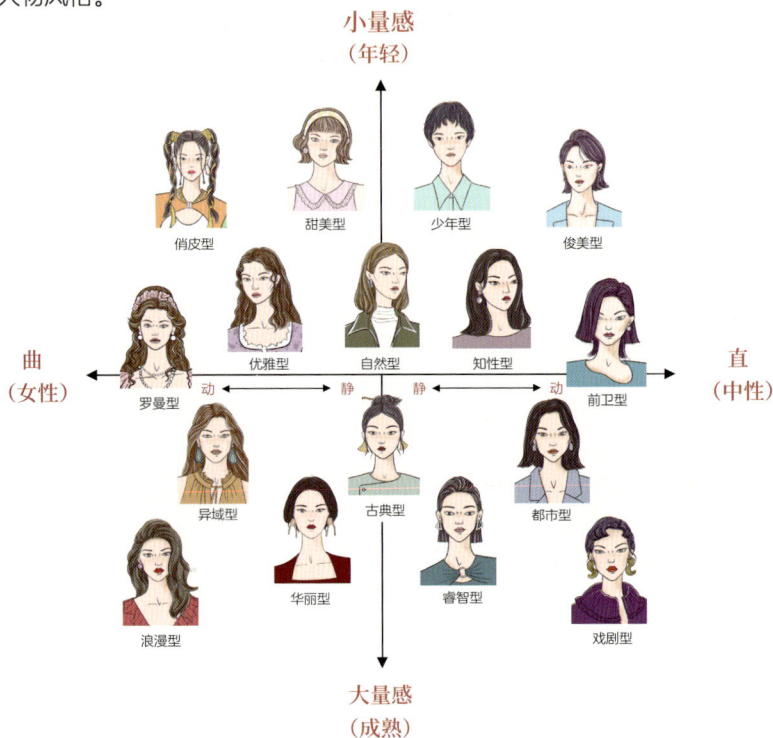

人物风格判定三要素：量感、曲直、静动

量感：坐标图中的纵向代表量感，越往上量感越小，越显得年轻；越往下量感越大，越显得成熟。

曲直：坐标图中的横向代表曲直，越往左越偏曲线，越偏感性化；越往右越偏直线，越偏理性化。

静动：坐标图中的横向代表静动，越往中间越静，往左或往右逐渐偏动。

人物风格自测

　　决定人物风格的三个要素是：量感、曲直、静动。下面请面对镜子，观察自己的五官和体型特征，并根据每个要素的参照指标，判断自己分别属于量感、曲直、静动中的哪个选项，根据你的选项在风格印象坐标图中找到对应的风格印象位置，则可以判定你的人物风格。比如：你的选项是 A/A/A，则属于俏皮型。

······· 量感判断 ·······

小量感—年轻（A）

脸型大小：偏小 / 巴掌脸
中庭长度：偏短 / 显幼态
下巴长度：偏短
眼睛大小：眼睛偏小
鼻子大小：鼻梁不高或适中 / 鼻翼窄 / 与眉眼唇比偏小
嘴巴大小：偏小，唇形偏薄
面部留白：偏多
体型骨骼：偏小 / 偏瘦

五官小巧，五官整体偏幼态感，脸部立体感偏弱。根据以上指标判断，多半以上符合特征的则为（A）

适中量感—适中（B）

脸型大小：大小适中 / 与五官比例均衡协调
中庭长度：适中 / 符合三庭五眼比例
下巴长度：适中
眼睛大小：眼睛大小适中
鼻子大小：鼻梁适中 / 鼻翼宽窄适中 / 与眉眼唇比适中
嘴巴大小：不大不小，唇形厚度适中
面部留白：适中
体型骨骼：适中

五官不大不小，整体分布匀称，脸部立体感适中，根据以上指标判断，多半以上符合特征的则为（B），介于适中量感和大量感之间的，则选（BC）

脸型大小：偏大 / 脸型不会太小
中庭长度：偏长 / 占脸的比例比较大
下巴长度：偏长
眼睛大小：眼睛偏大
鼻子大小：鼻翼宽厚 / 鼻梁高直有明显的鼻骨感
嘴巴大小：偏大 / 唇形厚 / 与眉眼鼻比偏大
面部留白：较少
体型骨骼：偏大或肉感较多

五官整体偏大，偏成熟，根据以上指标判断，多半以上符合特征的则为（C）

曲直判断

曲—女性化（A）

脸型骨骼：颧骨和下颌角轮廓柔和
脸颊肉感：有肉感偏圆润
眼睛形状：圆润有弧度 / 眼角钝 / 眼尾下弯线条柔和
眼皮类型：双眼皮
眉毛形状：弧形 / 没有眉峰
嘴唇类型：唇形饱满 / 圆厚 / 嘴角偏钝 / 唇峰圆钝
鼻子类型：鼻头圆钝 / 有肉感
下巴形状：短 / 圆润
眼神神态：温柔 / 单纯
体型骨骼：肉感大于骨感 / 凹凸有致 / 圆身型 / X 型

五官、体型整体圆润女性化，具有女人味，根据以上判断，多半以上符合的则为（A）

曲直兼备—适中化（B）

脸型骨骼：颧骨和下颌骨没有过于明显的棱角

脸颊肉感：骨肉均衡

眼睛形状：线条平顺有一定的弧度

眼皮类型：内双或较窄双眼皮

眉毛形状：弧形 / 没有眉峰

嘴唇类型：唇形饱满 / 圆厚 / 嘴角偏钝 / 唇峰圆钝

鼻子类型：鼻头圆尖适中

下巴形状：长短 / 圆尖适中

眼神神态：柔和且稳定

体型骨骼：凹凸有致较有肉感 / 圆身型 / X 型

五官体型曲直兼备，可优雅可帅性，根据以上判断，多半以上符合的则为（B）

直—中性化（C）

脸型骨骼：颧骨和下颌角线条清晰

脸颊肉感：偏骨感

眼睛形状：扁平细长 / 眼角较尖 / 眼尾上扬

眼皮类型：单眼皮或内双

眉毛形状：眉峰明显有折角 / 直线型

嘴唇类型：唇形扁平 / 偏薄 / 嘴角偏锐 / 唇峰尖锐

鼻子类型：鼻头尖锐 / 有骨感

下巴形状：长 / 尖 / 方 / 有下巴窝

眼神神态：坚定 / 有力量 / 犀利

体型骨骼：骨感大于肉感 / 偏扁平 / H 型

五官体型整体中性化，帅气干练，根据以上指标判断，多半以上符合特征的则为（C）

动—个性（A）

五官大小：大小比例不均衡
五官精致度：个性／精致
体色对比度：发色／瞳孔／肤色偏浓
长相与性格反差：反差较大
性格特征：个性独特

根据以上指标判断，符合以上特征的则为（A）

适中—普适（B）

五官大小：局部比例适中
五官精致度：适中
体色对比度：发色／瞳孔／肤色适中
长相与性格反差：有稍许反差
性格特征：端庄知性有亲和力

根据以上指标判断，符合以上特征的则为（B）

静—经典（C）

五官大小：大小比例均衡
五官精致度：大气／端庄
体色对比度：发色／瞳孔／肤色偏淡柔
长相与性格反差：表里如一
性格特征：温柔雅致

根据以上指标判断，符合以上特征的则为（C）

举例：如果你是小量感、曲、动，你的选项则为（A/A/A）

小量感
（年轻）

A/A/C
小/曲/静
甜美型

A/C/B
小/直/中
少年型

A/A/A
小/曲/动
俏皮型

A/C/A
小/直/动
俊美型

B/A/B
中/曲/中
优雅型

B/B/C
中/中/静
自然型

B/C/B
中/直/中
知性型

曲
（女性）

B/A/A
中/曲/动
罗曼型

动 ← → 静　　静 ← → 动

B/C/A
中/直/动
前卫型

直
（中性）

BC/A/B
中偏大
曲/中
异域型

BC/B/C
中偏大/
中/静
古典型

BC/C/B
中偏大
直/中
都市型

C/A/B
大/曲/中
华丽型

C/C/B
大/直/中
睿智型

C/A/A
大/曲/动
浪漫型

C/C/A
大/直/动
戏剧型

大量感
（成熟）

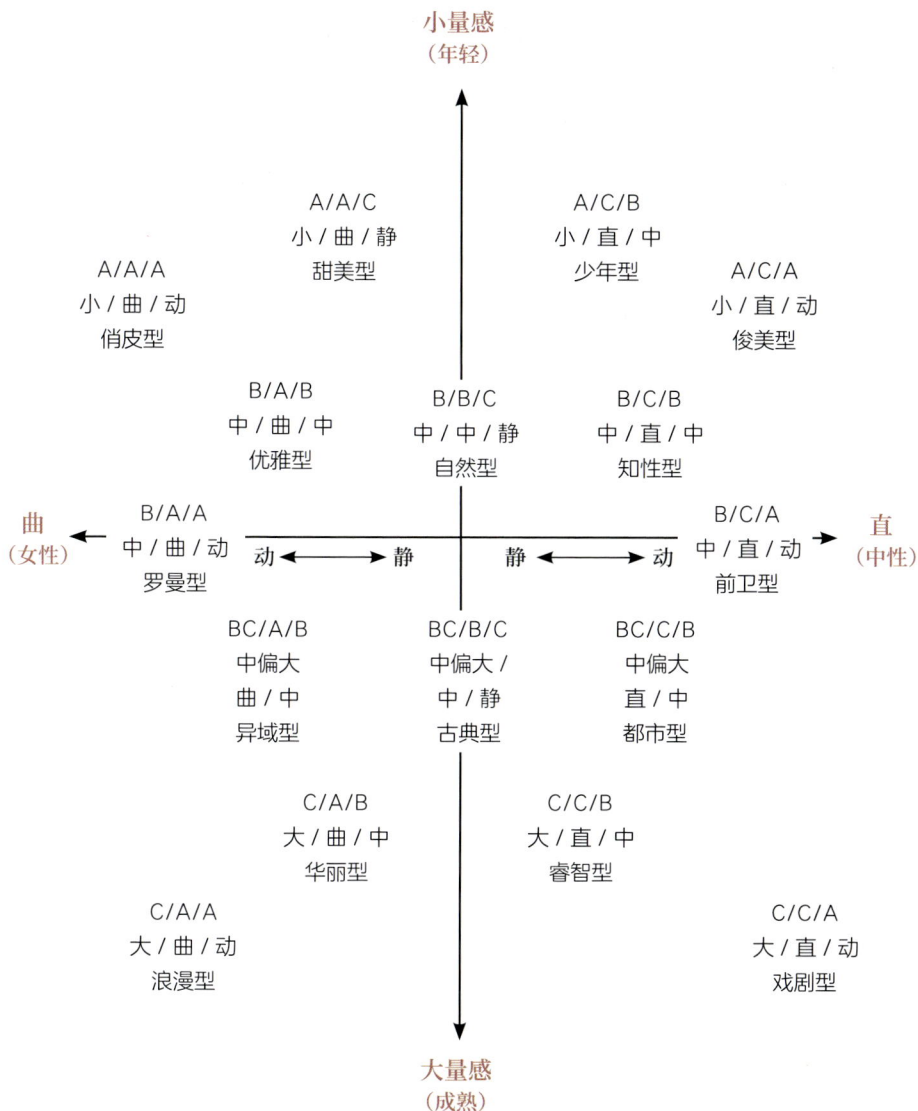

　　根据你的量感、曲直、动静三个要素的选项，在人物风格特征象限图中找到你的风格印象位置，则可以判定你的风格属性。

人物风格印象氛围关键词

根据你的风格坐标属性，来进一步了解你的风格印象氛围关键词，这些关键词决定了你的造型风格属性。

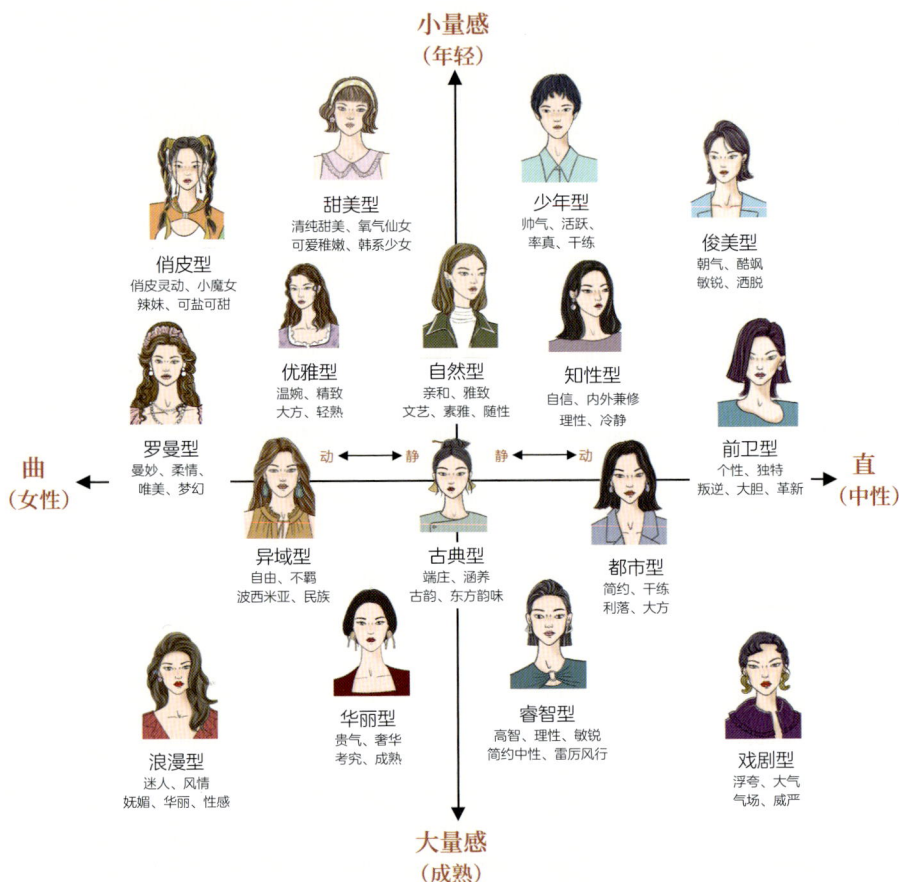

小量感
（年轻）

甜美型
清纯甜美、氧气仙女
可爱稚嫩、韩系少女

少年型
帅气、活跃、
率真、干练

俊美型
朝气、酷飒
敏锐、洒脱

俏皮型
俏皮灵动、小魔女
辣妹、可盐可甜

优雅型
温婉、精致
大方、轻熟

自然型
亲和、雅致
文艺、素雅、随性

知性型
自信、内外兼修
理性、冷静

罗曼型
曼妙、柔情、
唯美、梦幻

曲
（女性）

动 ← → 静   静 ← → 动

直
（中性）

前卫型
个性、独特
叛逆、大胆、革新

异域型
自由、不羁
波西米亚、民族

古典型
端庄、涵养
古韵、东方韵味

都市型
简约、干练
利落、大方

浪漫型
迷人、风情
妖媚、华丽、性感

华丽型
贵气、奢华
考究、成熟

睿智型
高智、理性、敏锐
简约中性、雷厉风行

戏剧型
浮夸、大气
气场、威严

大量感
（成熟）

由于人物风格受基础风格和情感风格的多维度影响，所以每个人的人物风格并不一定是单一的或绝对的，很多人的人物风格是叠加的，比如拿我本人来说，我的五官体型等基础风格偏少年型，由于我职业的影响，我整体的造型风格偏前卫型，但我的性格又比较温和偏自然型。所以大家在做判断的时候，可以先了解自己的基础风格，在结合情感风格，做出相对精准的判断。

人物风格对应的服装穿搭风格

　　造型风格所对应的是适合此风格穿搭的人群，不同的造型风格有不同的艺术特征，通过服装的色、型、质，以及配饰、妆容、发型等呈现不同的穿搭氛围，以适用于不同的人群和穿搭场合。

年轻

千禧风
甜酷新中式风
森系风 *
海军风
甜美型
俏皮型

非正式学院风
街头嘻哈风
少年型

酷飒御姐风
俊美型

法式田园风
名媛风
佗寂风 *
文艺休闲风
职场通勤风
优雅型 — 自然型 — 知性型

未来机能风 *
朋克摇滚风
前卫型

洛可可风
芭蕾风
罗曼型

女性　　　　　　　　　　　　　　　　　　　　　　　　　　中性

摩登新中式风
古典型

英伦风
都市型

西部牛仔风
波希米亚风
异域型

华丽贵气风 *
性感妩媚风 *
浪漫型

老钱风
新知识分子风
睿智型

浪漫哥特风 *
戏剧型

华丽型

成熟

17 种时装穿搭风格解析

今天也要美美穿 唤醒你的穿搭灵感

01 芭蕾风

浪漫优雅　精致甜美　曼妙气质

芭蕾风是将芭蕾舞者练习时穿着的服装元素与日常穿搭元素相融合的穿衣风格。将芭蕾舞服装中流线型的剪裁、柔软的面料和配饰，融入日常穿搭的单品中，打造优雅、轻盈的氛围感，整体造型体现了芭蕾本身的大方、自信、优雅和力量美。其代表性元素有绑带款大领口上衣、蓬蓬纱裙、足尖鞋、堆堆袜、蝴蝶丝带等。但芭蕾风的内核是受芭蕾文化影响的时尚态度，不只是简单地往身上堆砌芭蕾舞者训练服风格的单品，追求优雅高贵。更大胆地表达自己，穿出自己的态度，才是芭蕾舞美学更深层的意义。

群 体 分 析 及 生 活 场 景

芭蕾风的穿搭人群主要活跃于 18~28 岁，以学生群体或初入职场的少淑群体为主，具有较高的艺术素养和优雅的气质，有种天生的轻盈少女感。喜欢运动、舞蹈，大多从事舞蹈编导、舞蹈表演、模特、体操、花滑、瑜伽或其他运动项目行业。追求精致、优雅和时尚的元素，向往自由浪漫的生活。

适合人物风格：罗曼型

芭蕾风群体的品类款式偏好

上衣	紧身版型为主 / 大领口 / 一字领 / 绑带 / 镂空 / 蝴蝶结 / 弹力针织面料
衬衫	露肩绑带设计 / 超短款设计 / 蝴蝶结装饰
针织	紧身版型为主 / 短款 / 交叉门襟设计 / 绑带
连衣裙	A 字下摆为主 / 轻盈 / 多层次 / 不规则 / 网纱面料 / 弹力针织面料
连体衣	紧身版型为主 / 吊带 / 绑带 / 蝴蝶结 / 高弹尼龙针织面料
外套	披肩针织衫 / 贝壳衫 / 蝙蝠袖 / 灯笼袖 / 简约风衣 / 轻盈材质外套
半裙	Tutu 裙 / 蓬蓬长裙 / 网纱面料 / 压褶短裙 / 不规则下摆 / 绑带
裤装	以瑜伽裤为主 / 高弹尼龙针织面料

芭蕾风群体的造型搭配偏好

妆容	淡颜系，主要运用低饱和度的粉嫩色系，无瑕底妆和淡雅的自然眉眼妆，强调粉嫩的腮红和淡色唇釉
发型	织带绑双麻花辫 / 甜美感半扎发 / 斜分丸子头 / 蝴蝶结装饰盘发 / 长直披发
配包	以小包为主，曲线感较强，色彩以柔和粉彩色为主，光泽感材质，如软皮，蝴蝶结装饰，常见包型：腋下包、双肩包
鞋袜	平底芭蕾鞋 / 高跟单鞋 / 绑带单鞋 / 猪鼻鞋 / 小白鞋 / 袜套 / 堆堆袜
配饰	珍珠项链 / 珍珠耳饰 / 蝴蝶结元素
发饰	缎面材质宽发箍 / 珍珠发箍 / 丝带 / 蝴蝶结发带

搭配方案

不规则短连衣裙

多层次蓬蓬裙结合不规则下摆，更加青春、灵动，提花面料赋予穿搭梦幻的氛围，再搭配经典的丝带元素，少女甜美感十足。

长裙 + 披肩衫

整体收腰的廓形结合大量感的下摆将女性玲珑有致的曲线展现得淋漓尽致，搭配披肩衫修饰肩颈线条，凸显更为自信、优雅的芭蕾风氛围，是极具温柔气质的一套穿搭。

网纱蓬蓬裙

由芭蕾 Tutu 裙演变而来，多层且轻盈的薄纱材质赋予蓬蓬裙梦幻朦胧的美感，结合袖套和蝴蝶结元素打造甜美芭蕾风。

18

裹身上衣
+
运动裤
+
运动鞋

运动感的裤装给芭蕾风的甜美感增添了一丝中性休闲氛围，机能与优雅的碰撞，适用日常休闲的着装场合。

学院感芭蕾风

针织背心搭配灵动的百褶半裙，结合丝巾打造的领带效果让整套搭配学院感十足，外搭格纹大衣，结合芭蕾元素打造青春、活力的氛围感。

紧身上衣 + 迷你裹身裙

紧身上衣露出颈部线条，搭配迷你裹身裙，凸显修长的四肢，展现现代优雅美，再利用标志性绑带元素，增添甜美气质。

关键单品

芭蕾风单品灵感来自芭蕾舞者的练功服和古典芭蕾舞的演出服装，受其色彩、材质、设计细节的影响，紧身衣、护腿袜、足尖鞋、练习裙等为代表性单品，经典优雅且极具女性柔美气质。

紧身上衣

大领口或者一字肩的紧身衣拥有绑带元素、细腻面料，打造出女性浪漫优雅的气质。

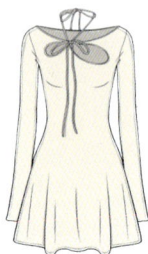

裹身连衣裙

从舞蹈服演变的裹身连衣裙优雅、浪漫，绑带元素则增添了一丝甜美感，弹力针织面料包裹身材凸显曲线。

蓬蓬连衣裙

轻盈的薄纱材质赋予蓬蓬裙梦幻朦胧的美感，层叠的纱质结构与露肩绑带元素尽显复古甜美。

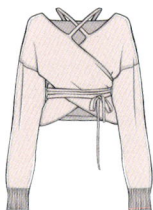

交叠裹式毛衣

交叠门襟的设计营造出慵懒随意感，局部镂空的设计则增加了针织单品温柔的气质。

迷你裹身裙

从芭蕾练功服演变过来的裹身裙，下摆不规则的设计，飘逸灵动。

纱裙

纱裙搭配裹身上衣、背心、吊带等，轻盈蓬松，增添少女俏皮感

气质长裙

收腰廓形结合大量感的下摆将女性玲珑有致的曲线展现得淋漓尽致，以凸显更为自信的女性气质。

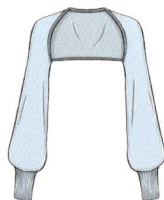

贝壳衫

从芭蕾服演变而来的贝壳衫，适合搭配吊带上衣或吊带裙，简单随性，轻松打造芭蕾风穿搭。

关键配饰

芭蕾风的配饰应配合整体穿搭，营造甜美、优雅的氛围感，经典单品有发夹、发绳，以及温柔甜美的珍珠项链、珍珠耳饰等。芭蕾鞋搭配袜套的经典组合，以及发带、丝带等在其中运用率也非常高。

蝴蝶结

蝴蝶结和芭蕾风的气质非常契合，以发夹或发绳的形式做发饰，打造甜美氛围感。

珍珠项链

珍珠和甜美的芭蕾风非常适配，将公主风和现代浪漫元素相结合，打造出优雅迷人的芭蕾气息，再点缀爱心或蝴蝶结等元素，营造少女梦幻般的氛围感。

芭蕾鞋

将传统的芭蕾舞鞋改良后融入日常生活穿搭，柔软的皮质、轻薄的鞋底，舒适感极佳。选择平底或高跟的芭蕾鞋，与服饰进行搭配，塑造独特的时髦感。

缎面材质发带

缎面材质发带可以很好地体现芭蕾风的氛围，颜色可以选择粉色、浅蓝色等柔和的色彩，塑造青春活力感。

宽发箍

芭蕾风的发箍较宽，存在感极强，甜美的色彩，再点缀蝴蝶结、水钻等元素塑造少女甜美氛围。

颈圈

珍珠、丝带材质的项圈甜美、少女感十足，再结合蝴蝶结、爱心等元素，与芭蕾风服装风格非常适配，衬托修长脖颈，增加穿搭细节。

袜套

袜套也是芭蕾舞者在练习舞蹈时常用的单品，搭配芭蕾舞鞋，精巧气质中又带着温柔感，略显单调的服装点缀上它之后，瞬间营造出清甜的梦幻感。

芭蕾风包袋

芭蕾风的包包风格偏甜美，尺寸不会太大，光泽感材质结合柔和的色彩，绗缝或点缀蝴蝶结等元素，少女感十足。

关键色彩

芭蕾风色彩整体偏柔和、淡雅。温柔静谧的浅蓝与鹅黄色搭配，甜美柔和，结合针织、网纱材质，营造梦幻少女氛围感。

浅粉色是芭蕾风必不可少的色彩，温柔甜美，经典灰色与浅粉色搭配，结合偏休闲感的单品，打造活力青春的学院感芭蕾风。

02 千禧风

甜酷辣妹　复古个性　梦幻乌托邦

千禧风也被称为"Y2K"风，Y2K 是 Year 2000 Kilo 的简称，即"千禧年"，指的是 2000 年前后流行的时尚风格。千禧年代，互联网的兴起激发了人们对于未来的幻想与憧憬，Y2K 美学也应运而生，同时影响了时装的风格，其核心要素就是复古与未来的碰撞，整体造型甜美中带着叛逆、个性与前卫，多运用高饱和色彩、金属、塑料、镭射、破旧牛仔等元素，塑造出复古与未来的矛盾感美学，表达了一种乐观主义和梦幻乌托邦式的复古未来风。

群体分析及生活场景

千禧风格人群主要活跃于 18~28 岁年轻女性，她们以学生群体或时尚行业从业者为主，形象活泼甜美，但又透着一股性感热辣美。性格外向、个性张扬，喜欢多元文化，有着独立、前卫的思想。关注时尚、音乐等一些新潮事物。经常活跃在音乐节、潮流人士聚集地等。

适合人物风格：俏皮型

千禧风群体的品类款式偏好

上衣	紧身截短版型为主 / 荧光色 / 抽绳 / 印花 / 烫钻 / 蝴蝶结元素
衬衫	紧身截短版型为主 / 绑带元素 / 镂空设计 / 亮彩色 / 棉质面料
针织	紧身版型为主 / 纽结结构 / 荷叶边 / 印花 / 坑条组织 / 挖洞设计 / 截短设计
连衣裙	紧身版型为主 / 迷你裙 / 高开衩长裙 / 露腰设计 / 不对称结构 / 抹胸裙 / 牛仔吊带裙 / 亮色或做旧效果
西装	宽肩造型和收腰设计 / 光感亮面材质 / 解构设计 / 不同材质拼接 / 提花或印花工艺
半裙	紧身版型为主 / 超短低腰 / 光泽感面料 / 牛仔、皮革、丝绒等面料 / 工装风 / 不对称下摆设计
裤装	工装裤或喇叭裤 / 低腰 / 超长版型 / 拼接 / 光泽感面料 / 牛仔、皮革面料

千禧风群体的造型搭配偏好

妆容	多使用浓颜系、辣妹妆，眼妆突出，用色鲜艳、大胆，亮彩色眼影、夸张假睫毛，大量闪粉、高光，亚系感妆容
发型	鸡毛盘发 / 高马尾 / 斜分刘海 / 编发双马尾 / 编发双丸子 / 半扎高马尾 / 卷发 / 亮彩色染发
配包	小包为主，立体感较强 / 银色 / 牛仔材质 / 复古皮革 / 腋下马鞍包 / 腋下月牙包 / 毛绒包
鞋袜	金属光泽感 / 尖头高跟鞋 / 针织袜套 / 马丁靴 / 厚底玛丽珍 / 乐福鞋
配饰	糖果色塑料感耳环、项链 / 科技感墨镜 / 加宽腰带 / 设计感卡扣腰带 / 碟形腰带 / 点缀金属或糖果色腰链
发饰	糖果色塑料感发夹 / 银色发夹 / 大发夹 / 科技感印花头巾

搭配方案

截短衬衫 + 高腰短裙

截短款衬衫，运用镂空设计、
系绳元素及亮彩色，将工装风
与甜美元素相结合，搭配高腰
牛仔半裙，腰间点缀珍珠腰链，
甜美又叛逆。

解构感小衫
+
工装裤

纽结解构设计的合体截
短款小衫搭配中性的工
装裤，结合亮彩色的运
用，甜美又活跃。

紧身露腰连衣裙

修身版型的连衣裙，搭配纽结
的蝴蝶结造型，不对称下摆结
合毛边元素，露腰设计搭配丝
绒或暗提花面料、珍珠腰链装
饰，性感又俏皮。

蝴蝶元素短上衣
+
低腰喇叭裤

蝴蝶是最能代表千禧风格的元素之一，牛仔蝴蝶形吊带搭配低腰喇叭裤，甜美造型结合做旧牛仔水洗工艺，打造千禧回潮的穿搭氛围。

一字肩短上衣
+
工装半裙

荷叶边是千禧风常见的细节之一，性感的一字肩上衣搭配酷帅的工装半裙，极具视觉感。

胸衣式吊带
+
喇叭裤

胸衣式版型、做旧牛仔、喇叭裤都是千禧辣妹风很有代表性的元素，加上头巾的点缀，整个搭配个性十足。

关键单品

千禧风的服装色彩饱满、个性张扬，给人一种复古又时尚、高级又粗糙的矛盾感，面料多用皮革和镭射金属感材质，结合电子和科技感印花，呈现未来感。版型多为紧身截短、低腰等，蝴蝶、玫瑰花、爱心、荷叶边等都是常用元素。

紧身背心

修身截短背心多为弹力针织或网纱材质，结合印花或烫钻工艺，个性十足。

截短 T 恤

截短款上衣凸显身材曲线，搭配复古图案，打造怀旧的千禧造型，活跃的色彩给整体造型增添了一丝少女感。

挂脖连衣裙

挂脖的设计让颈部看起来更修长，结合超短的比例打造性感千禧风格，轻盈飘逸的材质，让性感中透着一丝少女气质。

紧身针织衫

性感紧身的 V 领针织衫，凸显身材曲线，为造型增添了一丝性感辣妹感。

低腰喇叭裤

低腰牛仔喇叭裤，是千禧风核心单品，及地的长度可以修饰身材比例，搭配截短上衣，复古而性感。

低腰工装裤

宽松的廓型与大口袋设计融合了千禧风与街头风格，低腰设计凸显性感个性。

紧身小衫

紧身小衫多为雪纺或针织材质，是千禧风经典单品，下摆带有余量设计，灵动、飘逸。

低腰迷你裙

低腰迷你裙是典型的千禧风单品，完美复刻了那个年代的热辣性感，工装裙、百褶裙等都是比较具有代表性的款式。

关键配饰

千禧风的配饰在整个搭配中营造出少女的俏皮感，整体造型比较夸张，配饰的甜、酷风格会根据服装进行切换，比如同时选用甜美的耳环、发饰和酷感的鞋子、包包。常用配饰有厚底鞋、印花头巾、浮夸墨镜、腋下包、趣味头饰等。

腰链

灵动的腰链装饰腰部，凸显纤细的腰身，为造型营造出更亮眼的效果。基础链条融入蝴蝶、爱心、星芒等经典元素为其增加设计点。

千禧腰带

千禧风经常需要强调腰线，所以腰带在穿搭中非常关键，用个性的设计、夸张的卡扣和宽皮革打造多元时尚的个性单品。

墨镜

千禧风代表着未来科技的幻想，为了凸显这一特征，墨镜可以选择银色宽边设计，镜面造型偏小，大胆前卫。

头巾

头巾是塑造千禧氛围感的点缀单品，结合电子或科幻类印花，轻松为造型增加时髦感。除了当头巾，也可以作为抹胸，打造时尚穿搭。

尖头高跟鞋

尖头高跟鞋突破其固有女性化风格，是千禧风格代表性单品，以金属质感、亮面、镭射感材质为主。前卫与未来感结合，营造个性独特的风格。

袜套

袜套受到了二十世纪九十年代复古回潮与千禧风格盛行的影响，不再是单一的针织基础款，多元化材质的点缀和拼接，搭配厚底鞋，复古又新潮。

糖果色配饰

糖果色配饰，大胆、亮眼，减龄而富有童趣感。材质常用亚克力、树脂等，常用元素有蝴蝶、五角星、爱心等。

腋下包

千禧感的包袋非常凸显整体造型个性与独特的气质，尺寸不宜过大，包形立体有型，可体现先锋摩登感、帅气机能感，常用可爱的长毛面料、复古的牛仔面料等。

关键色彩

牛仔是复古氛围的关键材质，做旧水洗牛仔和大地色系搭配，打造千禧风浓郁的复古色调。

高饱和的粉色是千禧风的代表色彩，既有着复古感，又带有一丝少女的俏皮感，搭配做旧牛仔色，营造出千禧风甜美又个性的穿搭氛围。

03 非正式学院风

复古学院　休闲混搭　年轻活力

非正式学院风也被称为"预科风"，源于美国上流社会和中产阶级家庭孩子上的预科学校。这类学生一般家庭优渥，毕业后可直升常春藤大学，所以这类学生的穿搭也受到常春藤学院风的影响，但因为年龄小的预科生在穿衣上没有那么多的"规矩"，他们在常春藤学院风的基础上加入更年轻或甜美的元素，如蝴蝶结、海洋元素、跳跃的色彩等。发展至今，相比传统学院风，多了一丝叛逆和随性，更加符合当代年轻人的个性，满足正式与休闲的场合需求，既适合职场，又能增添个性休闲的时尚感。

群体分析及生活场景

非正式学院风人群主要是18~29岁年轻女性，她们以学生群体或初入职场的群体为主，打造时髦的知识分子或富有书卷气的文学少女形象。可盐可甜的装扮，内在独立自信，拥有自我主张。大多从事文学类或艺术设计类相关职业，青睐学院风搭配风格，但有自己的审美和风格，不盲目追随潮流。业余时间常会进一步提升自己的技能或学习新的知识，时刻充满活力和朝气。

适合人物风格：少年型

非正式学院风群体的品类款式偏好

衬衫	棉质标准衬衫 / 条纹衬衫 / 飘带衬衫 / 经典版型 / 可单穿或叠穿
卫衣	圆领 / 帽领 / Polo 领 / 宽松版型 / 截短款 / 一手长款[1] / 字母印绣花工艺
针织	修身版型的套头衫 / 背心 / 麻花元素 / 复古花纹 / 提花格纹 / 海洋条纹 / 字母嵌花
外套	宽松版型 / 学院风运动元素棒球服 / 羊毛质地工装夹克 / 灯芯绒夹克
西装	徽标装饰西装 / 条纹或格纹西装 / H 形版型 / 一手长为主 / 羊毛或灯芯绒材质
风衣	双排扣肩章款修身长风衣 / 翻领直身型中长款风衣 / 棉或羊毛材质 / 格纹元素
大衣	翻驳领直身型中长款为主 / 胸章设计 / 双排扣设计 / 素色或格纹羊毛面料
羽绒	H 形版型 / 中长或一手长为主 / 工装风长款 / 胸标装饰 / 多袋设计
裤装	羊毛锥形裤 / 小脚裤 / 直筒裤 / 灯芯绒材质 / 羊毛人字纹 / 格纹设计 / 牛仔裤
半裙	高腰 A 字压褶半裙 / JK 短裙 / 短款 / 西装半身裙 / 格纹 / 羊毛材质

非正式学院风群体的造型搭配偏好

妆容	淡或浓颜系，重点打造活力减龄的氛围感 / 淡颜系底妆清透自然、淡雅眼妆和粉嫩唇色 / 浓颜系选择亚裔辣妹妆，以大地色系为主，低饱和配色
发型	直发披发 / 随性大卷 / 齐肩短发 / 蛋卷头 / 高马尾 / 双马尾 / 短波波头
配包	公文包 / 邮差包 / 复古相机包 / 信封包 / 通勤托特包 / 制服包 / 毛呢格纹背包
鞋袜	牛津鞋 / 乐福鞋 / 系带高跟鞋 / 骑士靴 / 霍尔文靴 / 德比鞋 / 白色短筒袜或中筒袜
配饰	学院风领带 / 简约金属项链、手链、耳环 / 格纹围巾 / 窄版腰带
发饰	棒球帽 / 鸭舌帽 / 报童帽贝雷帽

1. 一手长款：衣袖的长度与衣服的下摆长度一致，一般到盖住臀部的位置。

搭配方案

西装 + 牛裙 +

衬衫 + 菱格背心

学院感制服穿搭，菱格背心
叠穿衬衫，塑造层次感。上
长下短的隐形下装穿法，搭
配乐福鞋和中筒袜，透着一
股青春叛逆感。

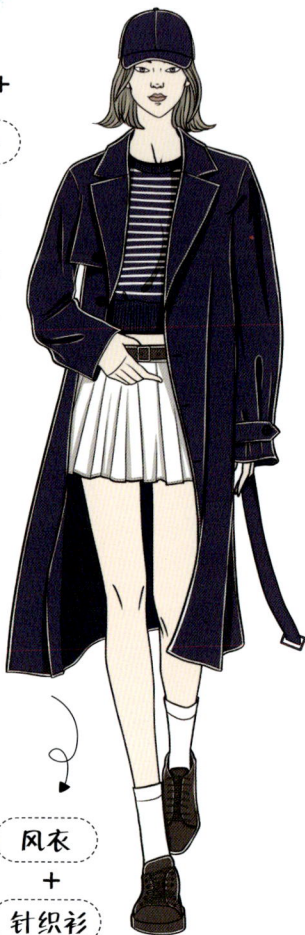

风衣
+
针织衫
+
百褶半裙

比较休闲的一套穿搭，风衣是
换季时百搭且不会出错的单
品。条纹针织衫和迷你裙都是
非正式学院风的经典单品。

格纹大衣 +

卫衣 + 牛仔裤

经典的切斯菲尔德大衣与学
院风格经典格纹元素相结合，
搭配卫衣和牛仔裤，休闲随
性，轻松打造学院风格。

（针织背心）+
（衬衫）+（短裤）

针织背心搭配衬衫，经典学院
风穿搭，下衣可搭配百褶裙或
者短裤，想要更凸显学院氛围，
可以再搭配一条领带。

（学院风针织衫）+
（衬衫）+（风琴褶裙）

格纹压褶裙是学院风的代表
性单品，搭配麻花针织衫和
飘带衬衫，散发青春活力。
针织衫的亮色撞边细节，更
显靓丽时尚。

（夹克外套）
+
（衬衫）
+
（休闲长裤）

特大号（Oversize）夹克，
帅气十足，营造秋冬复
古学院感，非常能彰显
非正式学院风的复古个
性，搭配领带配饰可表
现运动感。

关键单品

区别于传统的学院风，非正式学院风的关键品类包括衬衫、针织衫、休闲西服等，款式经典但不乏味，讲究混搭叠穿的时尚感，组合出一种年轻活力、青春校园的学生风格。

学院风针织衫

V 领设计非常适合用来叠穿，搭配衬衫及领带，轻松打造学院风格。领口可以选择撞色条，更显活力。

菱格针织背心

V 领针织背心比较适合内搭衬衫，融合学院气质，时尚的色彩可以给穿搭增加亮点。

简约衬衫

基础款衬衫，以素色为主，推荐搭配领带凸显青春学院氛围，版型偏宽松，整体随性轻松，单穿或叠穿都合适。

百褶半裙

学院风百搭单品，可以搭配不同的上装呈现多元风格，洋溢着青春活力。

复古夹克

挺括的版型中性复古，常见款式如美式棒球夹克或复古皮夹克，搭配裤装、半裙皆可，打造高中女生的既视感。

格纹大衣

经典切斯菲尔德大衣与学院风经典格纹元素相结合，毛呢材质保暖挺括，加上偏宽松的版型，轻松打造复古学院风格。

卫衣

简约的卫衣休闲舒适，在复古或基础色上加入运动图案，营造美式复古风，连帽、圆领款式都可以。

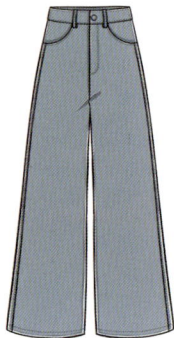

牛仔阔腿裤

阔腿牛仔裤，偏宽松的版型慵懒随性，做旧洗水复古简约，非常百搭。

关键配饰

配饰是任何派系学院风穿搭的点睛之笔,能够起到加强氛围的作用,常见的有领带、棒球帽、贝雷帽、中筒袜、小白鞋等。不过像非正式学院风这种混搭性较强的风格,适合的配饰会非常广泛,可以根据穿搭单品风格来转换选择。

棒球帽

日常生活百搭单品,休闲减龄,和学院风所呈现的青春活力气息相契合。

贝雷帽

贝雷帽与不同风格搭配呈现不同的视觉效果,在非正式学院风中可以选择偏靓丽的色彩,更显青春活力。

领带

打造学院风不可或缺的单品之一,突破领带固有的正式印象,更强调层次感,起到点缀的作用,和西装、衬衫搭配都比较经典。

中筒袜

中筒袜和乐福鞋的经典组合,轻松打造学院风穿搭造型。

复古小白鞋

小白鞋简约百搭,在时尚更替中一直占据着重要的地位。相较于乐福鞋的文艺感,小白鞋多了一丝休闲与轻松。

学院风包包

学院风的包包外形简约经典,以牛皮为主,包括公文包、邮差包、剑桥包,都是典型的学院风格。

乐福鞋

乐福鞋十分百搭,适合多种风格,可与中筒袜一起打造青春、靓丽的学院氛围。

关键色彩

海军蓝作为学院风的代表性色彩，是非正式学院风不可或缺的颜色，疗愈色调的绿色融入传统经典的海军蓝，起到点缀作用，为整个风格注入活力。

以复古学院色调为基础，在暗红色、灰色中融入饱和度较高的黄色、绿色，打造轻复古街头感的视觉效果。

04 海军风

清新简约　自由率真　青春烂漫

海军风是一种以海军元素为灵感的时尚穿搭风格，清新、简约又不失时尚感。海军蓝是主要的色调，它深沉、刚健，非常符合海军的形象，同时白色也常被用于搭配，蓝白相间的配色方案，就像海与天的颜色，清爽、干净、包容，给人一种来自广阔大海和天空的清新感。其经典元素有条纹、海军裙、海军领等，尽显青春浪漫和率真自由。

群 体 分 析 及 生 活 场 景

海军风穿搭的人群主要以18~28岁年轻女性群体为主。她们追求休闲和舒适的生活方式，并愿意通过服饰来表达自己的个性和审美追求。不拘泥于传统的穿搭规则，敢于尝试和创新，展现与众不同的自我风格。休闲的时间享受街头漫步、聚会、假期旅游等。

适合人物风格：甜美型

海军风群体的品类款式偏好

小衫	简约直筒版型为主 / 修身廓形 / 条纹 / 海军领 / 圆领 / 撞色边缘 / 针织面料
衬衫	改良水手服 / 海军领 / 撞色边缘 / 泡泡袖 / 蝴蝶结 / 棉质面料
连衣裙	改良水手连衣裙 / 制服裙 A 字裙摆 / 海军领 / 撞色边缘 / 泡泡袖 / 蝴蝶结 / 棉质材质
针织	海魂条纹提花 / 海洋元素图案提花 / 圆领 / 海军领披肩 / 撞色边缘 / 飘带系带
西装	正肩、宽肩直筒版型为主 / 海军领披肩 / 蝴蝶结 / 海洋元素 / 撞色边缘 / 斜纹面料 / 海军蓝色调
大衣	正肩、宽肩版型为主 / 小 A 版 / 短款、中长款为主 / 学院风 / 海军领 / 撞色边缘 / 毛呢面料
羽绒	直身、收腰版型为主 / 短款、中长款为主 / 海军领拼接 / 海洋元素 / 撞色边缘
裤装	直筒、阔腿版型为主 / 金属双排扣装饰 / 撞色边缘 / 棉质面料 / 斜纹面料
半裙	A 字下摆 / 短款、中长款为主 / 撞色条纹 / 金属纽扣 / 棉质面料 / 斜纹面料

海军风群体的造型搭配偏好

妆容	淡颜系，伪素颜，或清纯白开水妆容，底妆偏白、透亮，强调腮红，眼妆偏淡，粉色系较多，唇色自然
发型	长发或中长发 / 内扣造型直发 / 微卷发 / 齐刘海 / 空气刘海 / 高马尾 / 双低马尾 / 双麻花编发
配包	造型方正、学院风包袋 / 立体，皮革、光面材质 / 剑桥包 / 棒球包 / 双肩包
鞋袜	学院风小皮鞋 / 厚底玛丽珍单鞋 / 乐福鞋 / 海滩凉鞋 / 小白鞋 / 中筒、高筒白色袜子
配饰	海军领披肩 / 墨镜 / 海魂条元素围巾 / 海军风元素徽章 / 蝴蝶结领结
发饰	海军风贝雷帽 / 水手帽 / 蝴蝶结发夹 / 发箍 / 海军元素头绳或印花发圈

搭配方案

牛仔裤 + 背心 +

睡袍式开衫

轻松随性的宽松风衣搭配船
锚图案背心和牛仔裤,再加
条纹飘带的装饰,尽显随性
自由,非常适合海边度假的
一套服装。

海军风连衣裙

元气满满的海军风连衣
裙,搭配经典贝雷帽、堆
袜等配饰,展现自由自在
的夏日活力感。

海军领针织背心

+

锥形裤

富有代表性元素的海军
领针织背心,搭配半裙
或休闲裤,再加上贝雷
帽和乐福鞋等配饰的点
缀,可甜美可通勤。

衬衫 + 半裙 +

海军风西装

海军风与西装的结合，既保留了西装的正式感，又融入了海军风的自在感，套装的组合搭配娃娃领衬衫，凸显出少女可爱的风格。

条纹针织衫连衣裙

在流行趋势的引导下，海魂条纹不单单只是运用在T恤上，与针织材质碰撞更显摩登、时尚。

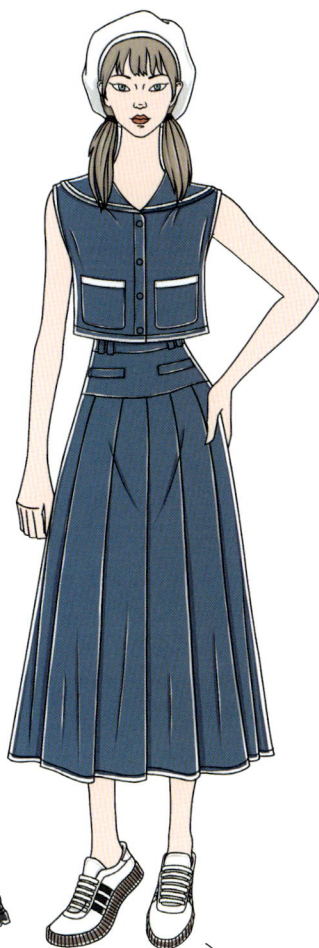

海军领马甲
+
百褶半裙

海军领马甲搭配长款百褶裙，整体造型干练简约，又带有甜美、少女、学院风的氛围感。

关键单品

海军风单品具有清新、简约又减龄的特性，经典款有海魂衫、制服裙、水手服的现代化设计以及一些代表元素，这些都可作为设计点，与其他品类相融合，成为海军风的灵魂单品。

海军领衬衫

海军风的必备单品——海军领衬衫，结合甜美泡泡袖和蝴蝶结等元素，赋予白衬衣青春元气。

海魂条针织衫

经典元素海魂条被大量运用到针织单品中，强调风格走向，色彩上也突破了经典的红、蓝、白色，融入了很多新色彩。

条纹针织连衣裙

条纹元素结合修身版型，凸显身材曲线，经典海军领起到了丰富造型的作用，增添俏皮青春感。

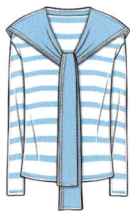

海军领马甲

相较于针织款，梭织材料更加休闲，自带学院氛围感，以单穿居多，也可与半裙一起作为套装穿搭。

海军领背心

修身针织背心，搭配海军领披肩与飘带打结设计，青春活力又俏皮，打破了背心的单一无聊感。

海军风连衣裙

传统水手服被改造演绎出青春少女感，棉质材料结合蝴蝶结装饰，提升细节感，配合大A字裙摆，更显灵动。

海军风半裙

海军风半裙搭配海军领衬衫，塑造一整套青春学院感穿搭，A字裙摆，活力十足，简单搭配T恤都可塑造年轻活力感。

海军风上衣

海军风经典条纹元素与海军领结合，让简单的T恤瞬间时尚起来，色彩鲜明的条纹散发着青春的活力。

海军领西装

海军领与西装搭配，弱化了西装本身的正式感，点缀徽章、船锚元素，打造学院氛围。

关键配饰

海军风配饰既青春又富有活力，其中也不乏学院气息，将一些经典代表元素提炼出来，可打造复古时尚风格。常见的单品有海军风贝雷帽、海军领披肩、条纹细围巾、墨镜、小白鞋等。

海军领披肩

海军领披肩装饰在任何穿搭上都能瞬间凸显出海军学院风气质，风格鲜明，材质常为针织制品，适合搭配 T 恤、卫衣等。

海军风贝雷帽

由海军帽演变而来的贝雷帽，是海军风必不可缺的单品，区别于基础的贝雷帽，翻边位置会有撞色设计，经典配色为"白色与藏青色"。

条纹细围巾

围巾不再是秋冬专属配饰，细条围巾适用于一年四季。将经典的海魂条设计与之结合，材质常用偏薄的罗纹针织，用来点缀穿搭，打造层次感。

耳饰

海军风元素的耳饰或项链，运用船锚、帆船、船舵、海鸥等元素与服装搭配，甜美可爱。

小白鞋

小白鞋简约百搭，可与任何一种带有休闲特性的风格适配，无论是裤装还是裙装都很合适。

学院风小皮鞋

学院风必备的小皮鞋在海军风的穿搭中也非常适配，比起小白鞋更增添了一些帅气。

船锚胸针

海军风胸针常用到船锚、帆船、船舵、海鸥等元素，用金属或金丝线绣花工艺制作，点缀在西装或马甲胸前，精致又有趣。

棒球包

海军风包袋可以选择有学院感的，如棒球包、剑桥包、双肩包等。

关键色彩

经典的海军蓝、白、红色，是海军风最具代表性的配色，结合现代感的廓形，洋溢着青春活力。

将海军风与柔和的色调进行融合，卡其色和淡蓝色搭配，既延续了传统海军风，又塑造了文艺氛围，打造出日常实用美学。

05 名媛风

优雅贵气　气质名媛　精致通勤

风格解读

名媛风通常以高档面料、精致剪裁、华丽装饰和精美配饰为主要元素，用粗花呢、珍珠、蕾丝、蝴蝶结、闪钻等元素结合精致的裁剪和工艺来强调品质，打造由内而外散发优雅贵气的着装氛围感，同时又不失端庄、知性和柔美的气质，代表了一种追求品质和品位的生活态度，可满足日常约会、商务社交、通勤上班等多场合穿搭。

群体分析及生活场景

名媛风穿搭人群主要活跃于 25~35 岁淑女群体，具有甜美、优雅的气质，受过良好的教育，追求精美和高品质的生活。大多从事金融娱乐、时尚、投资等领域，企业白领或领导，具有出色的商业头脑和领导力。

适合人物风格：优雅型

名媛风群体的品类款式偏好

上衣	合体版型为主 / 灯笼袖 / 飘带 / 荷叶边 / 缎面面料 / 真丝面料
连衣裙	合体版型为主 / 珍珠装饰 / 蝴蝶结 / 小香风面料 / 真丝面料
针织	合体版型为主 / 灯笼袖 / 一字肩设计 / 小香风开衫 / 针织连衣裙
外套	直身版型为主 / 短款、截短款 / 花边装饰 / 领结 / 小香风面料 / 小香风套装
西装	正肩版型为主 / 职场风格 / 收腰 / 小香风金属扣 / 花边装饰 / 粗花呢面料
风衣	收腰版型为主 / 泡泡袖 / 腰带装饰
大衣	经典版型为主 / 腰带装饰 / 泡泡袖 / 全羊毛、羊绒面料 / 小香风面料
裤装	垂感面料 / 小香风花边、配件 / 阔腿裤 / 小香风短裤、长裤
半裙	A 形裙 / 伞裙 / 小香风面料短裙 / 直筒裙

名媛风群体的造型搭配偏好

妆容	淡颜系，底妆清透自然，眉毛清晰有质感，暖色调眼影，微微上挑，睫毛根根分明，镜面水光感唇妆
发型	气质卷发披发 / 法式刘海卷发 / 低马尾 / 卷发半扎发
配包	小号尺寸为主 / 小香风经典款造型 / 小方包 / 圆球造型手拿包
鞋袜	以经典简约款式为主 / 平底单鞋 / 尖头高跟鞋 / 粗跟浅口鞋 / 奥赛鞋 / 玛丽珍高跟鞋
配饰	珍珠或宝石材质为主的项链、耳环、戒指 / 精致小尺寸为主
发饰	蝴蝶结发饰 / 珍珠发箍 / 丝绒发带 / 小香风、毛呢材质贝雷帽

搭配方案

娃娃风斗篷外套套装

少女感十足的斗篷式套装，内搭衬衫的木耳边设计点缀领口与袖口，丰富层次感的同时尽显精致优雅的气质，有种俏皮大小姐的既视感。

小香风外套
+
宫廷风连衣裙

极具代表性的小香风外套，内搭一件宫廷感的连衣裙，即使在室内脱下外套，也不失精致感，甜美又优雅。

小香风套装

小香风套装是名媛风的必备单品，不需要费力穿搭就可以时髦又精致，粗花呢的面料立体有质感，点缀珍珠元素，展现温婉的气质感。

泡泡袖风衣式连衣裙

泡泡袖造型的风衣，极具优雅气质，与飘带衬衫的组合搭配，打造韩剧女主的既视感。

名媛风连衣裙

名媛气质的连衣裙是重要单品，运用小香风面料可提升精致度，蝴蝶结、珍珠等元素的装饰，打造优雅精致的穿搭。

短款西装 + **半裙** + **飘带衬衣**

经典知性优雅的套装，搭配飘带衬衫，减弱了成熟度，增添了柔美气质，适合日常通勤或社交活动等多场合穿搭。

关键单品

名媛风的单品讲究有质感的面料与简约修身的裁剪，常用面料特征有挺括、垂顺、有光泽感，比如小香风、真丝等，营造贵气高级的质感。荷叶边、泡泡袖、蝴蝶结等也是打造名媛风柔美优雅的关键元素。

西装短外套

截短款的版型设计拉高腰线比例，选择基础的西装面料或小香风面料，套装形式或者单穿搭配都很有气质。

小香风套装

小香风套装是名媛风的必备单品，小香风面料立体有肌理感，搭配半裙或连衣裙都是比较常见的搭配形式，修身版型展现身体曲线。

飘带连衣裙

飘带连衣裙利用光感或粗花呢材质，打造优雅精致的通勤穿搭。

伞裙

伞裙自带优雅，套装搭配或与衬衫搭配，都可打造气质优雅氛围感，粗花呢或羊毛等材质更容易打造立体造型感。

法式衬衫

法式衬衫兼具浪漫与优雅，泡泡袖、荷叶边等的设计增添少女气质。

阔腿裤

打褶的设计加高腰的版型，结合垂感面料，打造优雅大气的气质感。

小香风外套

小香风面料与黑白经典色的运用，自带名媛气质，版型简约百搭，蝴蝶结等装饰细节提升精致度。

修身连衣裙

气质淑女的紧身连衣裙，假两件的设计丰富穿搭层次，蝴蝶结、珍珠元素的运用打造精致优雅的氛围感。

风衣式连衣裙

优雅风衣式连衣裙，利用泡泡袖的设计，给单品增添了甜美少女感，可作连衣裙穿搭，也可作外套使用，一衣两穿。

关键配饰

名媛风的重点是突出质感，运用精美的材质，如珍珠、贝壳、蝴蝶结等元素烘托出精致且优雅复古的气质。常用配饰如珍珠饰品、蝴蝶结发饰、链条绗缝包等。

贝雷帽

不可或缺的法式贝雷帽，优雅浪漫，粗花呢、羊毛等材质立体有型，充满了温暖与质感，打造精致名媛风造型。可以选择带有蝴蝶结或者珍珠点缀的设计，增添甜美感。

高筒靴

高筒靴作为连衣裙的穿搭必备，在名媛风中是必不可少的配饰，干净利落的线条、柔软的皮质，衬托名媛风的精致感。

珍珠项链

珍珠项链是名媛风穿搭中不可或缺的配饰，轻松搭配出优雅、贵气的造型，展现出名媛魅力。

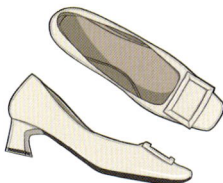

蝴蝶结发饰

蝴蝶结发饰是增添名媛风穿搭甜美氛围感的绝佳配饰，展现出优雅、甜美的公主范儿。

耳饰

耳饰是塑造穿搭的重要配饰，精致的吊坠款温柔婉约，富有灵动感，简约耳钉款大气高级，两种形式都比较百搭，推荐金银经典款或者珍珠一类大气优雅的款式。

气质单鞋

皮质单鞋是时尚界的永恒经典，精美的线条，为名媛风穿搭增添一份优雅的气质。

轻奢风包袋

名媛感的包包一般比较精致小巧，是兼具美观和实用的时尚单品，精致的材质、优雅的线条、华丽的装饰、精美的镶嵌，都展现出高贵的气质。

关键色彩

名媛风的色彩氛围通常以高雅、精致、柔和的色调为主。淡黄色与经典黑白色的组合，展现温柔、优雅的气息。

名媛风除了柔和的色彩运用，通常会使用相近的颜色或者冷暖色系进行搭配，卡其色与淡蓝色的组合，营造出一种温柔雅致的视觉效果。

06 朋克摇滚风

叛逆个性　暗黑冷酷　反传统

朋克摇滚风是受 20 世纪 70 年代英国朋克文化的影响而产生的一种独立、不羁、叛逆、反传统的穿衣风格。它打破了传统服装规范的束缚，采用夸张、奇特的设计，如拼接、撕裂、破洞等元素，结合金属材质，呈现出独特的叛逆风格。色彩上常常使用黑色、灰色等暗色调，营造出一种神秘、冷酷的氛围，体现了朋克文化独立、不羁的精神。

群体分析及生活场景

朋克摇滚风格人群主要活跃于 18~29 岁年轻女性，她们多数为摇滚音乐爱好者，充满激情和活力，追求自由、个性，具有反叛精神，勇于挑战，追求个性表达。她们喜欢参加音乐节、摇滚演唱会、街头文化活动等场合，展现自己的独特个性和态度。

适合人物风格：前卫型

朋克摇滚风群体的品类款式偏好

上衣	宽松版型为主 / 落肩 / 中性款式 / 摇滚元素图案 / 做旧面料 / 金属材质装饰
衬衫	宽松版型为主 / 落肩 / 中性款式 / 做旧感复古格纹衬衫 / 带领带白衬衫
胸衣	紧身版型为主 / 鱼骨 / 铆钉装饰 / 皮革面料 / 缎面光泽面料 / 蕾丝拼接
连衣裙	上紧下松版型为主 / 哥特性感风 / 铆钉装饰 / 下摆不规则 / 低领 / 开衩 / 蕾丝面料 / 皮革面料
针织	轻薄款为主 / 镂空 / 破洞 / 不对称设计 / 摇滚元素图案 / 金属配件
夹克	铆钉装饰皮衣夹克 / 动物纹皮草夹克
西装	宽肩垫肩版型为主 / 中性款式 / 羊毛面料 / 亮片面料 / 皮革面料
裤装	金属材质装饰 / 袢带 / 宽松阔腿版型皮裤、牛仔裤 / 毛边牛仔短裤 / 紧身皮裤
半裙	开衩 / 不规则 / 金属材质装饰 / 蕾丝拼接 / 格纹半裙 / 皮裙

朋克摇滚风群体的造型搭配偏好

妆容	浓颜系，妆容夸张，烟熏妆，弱化眉毛，突出眼妆，以黑色眼妆为主，全包眼线，唇形饱满，多用裸色或者特殊色，可以装饰一些眉钉、唇钉等
发型	高层次碎卷发 / 复古小卷发 / 凌乱卷发 / 朋克脏辫发 / 披散发 / 漂白发 / 挑染发 / 莫霍克造型
配包	暗黑风格为主 / 铆钉装饰 / 单肩机车包 / 腋下包 / 异形包 / 粗链条包
鞋袜	破洞渔网袜 / 鞋子强调重量感 / 多用铆钉一类金属配件装饰 / 厚底机车靴 / 高跟长筒靴
配饰	铆钉项圈 / 腿环 / 夸张金属项链 / 金属戒指 / 墨镜 / 领带 / 鼻钉 / 唇钉 / 耳夹
发饰	铆钉装饰帽子 / 发箍 / 发带以及发圈

搭配方案

中性西装 ＋

印花 T 恤 ＋ 皮裤靴

中性西装搭配宽松印花 T 恤，率性、日常。用一条经典的金属链点缀，再加长筒皮靴，尽显个性。

皮草 ＋ 胸衣式皮裙

胸衣结构、绑带穿绳的皮质连衣裙，搭配彩色皮草和渔网袜、高筒靴，十足的摇滚明星范。

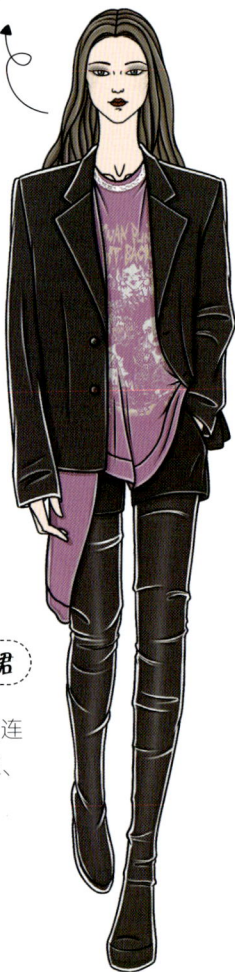

皮衣夹克 ＋

印花 T 恤 ＋ 开叉半裙

酷帅十足的皮衣夹克搭配高开叉半裙，帅气中带有一丝性感，腰间系格纹衬衫，增添搭配的层次和个性。

廊形牛仔马甲 +

白 T 恤 + 皮裤

破洞或毛边元素的牛仔马甲，内搭白 T 恤或白衬衫，搭配一条项圈或者领带，与手臂刺青相呼应，个性十足。

格纹衬衫

+

不规则牛仔半裙

带有复古感的格纹衬衫，搭配不规则牛仔半裙，露出性感的蕾丝袜，打造极具前卫感的朋克穿搭。

皮裤

+

摇滚印花 T 恤

摇滚印花图案 T 恤，不对称的结构搭配铆钉装饰的工装裤，呈现粗犷、不羁的穿搭风格，很符合朋克摇滚精神。

关键单品

朋克摇滚风的服装款式通常具有反传统、反体制的特点。常用皮革材质，如皮革胸衣，金属装饰如铆钉、金属链、安全别针，多用独特的剪裁和拼接方式，如破洞、毛边、不对称等。这些设计元素都是朋克摇滚风的代表性元素。

胸衣式上衣

朋克教母维维安·韦斯特伍德（Vivienne Westwood）在1988年改造的胸衣奠定了这个单品的经典性。推荐皮革与铆钉组合，摇滚范十足。

皮衣夹克

利落帅气的皮衣夹克，视觉冲击力十足，可以选择带有铆钉装饰的款式，更能彰显个性。

吊带连衣裙

带有哥特风格的性感连衣裙，蕾丝材质，酷飒又仙女，与皮夹克搭配打造甜美浪漫的朋克少女风。

牛仔马甲

摇滚街头感的牛仔马甲，不会过于个性挑人，是比较日常的单品，毛边设计、涂鸦印花都是常用设计手法。

白衬衫

看似简单的白衬衫加上领带瞬间具有酷女孩气场，版型上可以选择特大号的宽松款。

摇滚印花T恤

日常又有态度的破旧感涂鸦T恤，多为特大号版型，随意洒脱，是摇滚风夏日必备单品。

皮裤

朋克摇滚风必不可少的皮革元素，阔腿的版型加上金属铆钉和量感腰带的设计，更能彰显酷飒帅气。

格纹衬衫

无性别特大号的宽松版型，散发着摇滚朋克无拘无束的态度，烘托宽松休闲、个性复古的气质。

关键配饰

朋克摇滚风在饰品的选择方面可采用铆钉装饰的各类单品，如铆钉项链、铆钉帽子等。领带也是打造朋克风的关键配饰，常与衬衫单品同时出现。厚底的鞋子，如厚底马丁靴也是重要的配饰单品。

墨镜

塑造痞帅氛围感的必备单品，在特定氛围下，即使是在室内戴墨镜也不会觉得违和。

铆钉棒球帽

酷飒帅气的铆钉装饰减弱了棒球帽原有的休闲感，也可选择水洗做旧效果的帽子，更加个性独特。

尖锐铆钉装饰

朋克风的装饰一般都会有金属元素，如尖锐铆钉、金属骷髅头等。

金属戒指

复古暗黑的做旧质感非常适合朋克、街头嘻哈风的潮人，想要风格概念更强烈的话可以选择骷髅头、蜘蛛等比较暗黑的元素。

夸张金属项链

朋克风的项链比较夸张，可以选择简单的粗犷链条款，或带有暗黑风的元素款，如骷髅头、蜘蛛等。

领带

衬衫和领带的搭配在朋克风中非常经典，无论是纯色款，还是朋克感的印花款，都是不错的选择。

渔网袜

可以选择有破烂感的设计款或带有腿环的渔网袜，有种地下乐队主唱的既视感。

厚底靴

朋克风的鞋子都比较有分量，厚底、铆钉都是比较关键的元素。

堆堆靴

长款、宽松的设计和褶皱效果的堆堆靴，是时髦必备单品，展现出独特的魅力和个性的风格。

关键色彩

经典的"红黑配色"朋克风在时尚趋势的影响下，衍生出更加亮眼活力的粉紫色调，浓郁的紫色或活力感十足的亮粉色搭配中性帅气的黑色，视觉冲击十足，前卫个性成为非常受欢迎的配色之一。

相较于亮眼的粉紫色，这组配色更加日常，可用牛仔色作为主色调，搭配水洗做旧感的土黄色，打造街头复古氛围。

07 波希米亚风

轻松度假　嬉皮游牧　民族元素

波希米亚风格融合了多元民族元素，呈现出自由奔放、随性不羁且具有浪漫风情的穿搭风格，与嬉皮士文化有一定的关联性，代表着一种反传统的生活方式，色彩浓郁复古、元素繁复有序，带给人强劲的视觉冲击，呈现出具有神秘气氛的"异域"风情。其代表性元素有几何纹样、印花刺绣、花色串珠、流苏装饰及一些天然材质和人工材质等。

群 体 分 析 及 生 活 场 景

波希米亚风格的穿搭人群不受年龄的限制，她们追求并向往自由，她们的生活和行动不受传统观念的影响。以自由职业者、设计艺术行业工作者或旅行博主为主。喜欢旅行，热爱探索世界文化，喜爱并享受不同国度的民族风情。

适合人物风格：异域型

上衣	度假感上衣 / 浪漫荷叶边 / 泡泡袖 / 露肩设计 / 民族纹样 / 精美刺绣 / 天然材质
连衣裙	浪漫风情印花长裙 / 异域纹样 / 镂空刺绣 / 宫廷袖 / 荷叶边 / 飘逸感 / 天然材质
针织	镂空针法 / 流苏元素 / 民族纹样 / 棉麻质感 / 精美刺绣 / 重磅粗针
夹克	麂皮绒夹克 / 羊皮夹克 / 流苏铆钉装饰 / 牛仔夹克 / 民族纹样刺绣
马甲	麂皮绒马甲 / 金属装饰 / 镂空针织马甲 / 流苏元素
风衣	棉麻或羊毛粗纺材质长风衣 / 民族提花纹样 / 流苏装饰 / 披肩搭配
大衣	宽松长袍式版型 / 粗纺羊毛材质 / 皮毛一体大衣 / 民族元素提花 / 刺绣
披肩	流苏大披肩 / 斗篷 / 粗棒针织 / 民族元素提花 / 刺绣 / 手工串珠
裤装	破洞牛仔裤 / 民族纹样印花、提花阔腿裤 / 真丝、棉、麻材质
半裙	棉麻蛋糕裙 / 印花裹身裙 / 麂皮流苏半裙 / 牛仔毛边半身裙 / 民族纹样 / 刺绣

妆容	浓颜系，突出五官轮廓，追求健康的肤色 / 粉底颜色尽量贴合肌肤底色 / 眉形自然 / 眼影以橘色、金色、大地色为主，也可打造淡淡的晒伤妆
发型	长卷发 / 鱼骨辫 / 辫子盘发
配包	手工草编包 / 麂皮流苏包 / 植鞣皮斜挎包 / 刺绣串珠装饰 / 渔网包 / 祖母格编织包
鞋袜	民族风夹趾凉鞋 / 草编拖鞋 / 罗马凉鞋 / 绑带凉鞋 / 西部牛仔靴 / 刺绣、铆钉串珠、流苏装饰
配饰	彩色串珠叠戴项链、耳饰 / 做旧银饰 / 羽毛、花朵、树叶、流苏、宝石等元素编织项圈 / 天然材质混搭元素
发饰	手工绳编发带 / 流苏发带 / 假辫子 / 民族纹样头巾 / 做旧银饰 / 羽毛、花朵、树叶、流苏、宝石等元素制作而成的发绳

搭配方案

民族风印花连衣裙 + **开衫**

柔软针织带来温暖舒适感，与民族风的印花连衣裙在材质上形成鲜明对比，开衫颜色可以选择与印花裙同色系颜色。

麂皮马甲 + **度假风连衣裙**

度假风连衣裙自带柔美浪漫风情，搭配麂皮马甲提升层次感，让整套穿搭多了些洒脱率性，腰带是不可缺少的灵魂单品。

游牧风针织外套 + **休闲裤**

宽松长款的外套随性潇洒，带有民族气息的花纹与流苏元素，细节满满，内搭和下装尽量选择简单素雅的基础款，结合民族风发饰，轻松塑造秋冬时尚。

皮衣
+
格纹衬衫
+
牛仔裤

带有嬉皮士风格的一套穿搭，
少了一点浪漫，多了一份率性，
头巾起到很好的点缀作用，可
满足日常逛街或参加音乐节等
多场景穿搭需求。

波希米亚风印花连衣裙

具有波希米亚风情的印花结
合轻盈的雪纺类材质，体现
浓浓的民族气息。超大裙摆
飘逸灵动，简单搭配凉鞋、
编织包就能塑造在海边度假
的氛围感。

彩条毛衣
+
民族风印花半裙

彩色条纹一字肩毛衣
与民族风印花半裙的
组合搭配，色调浓郁
复古，宽松的版型营
造出慵懒的异域风情
氛围感。

关键单品

波希米亚风格是多民族互融而产生的独特的服装风格，元素多元化，采用各种真丝、棉麻一类的天然面料，结合麂皮、羊皮等材质，其关键细节元素有民族风印花、流苏、刺绣、手钩花等，呈现精美浪漫又复古轻盈的穿搭氛围。

度假风连衣裙

清透舒适的面料，蕾丝镂空、荷叶边、抽绳、流苏吊坠等细节散发出别具一格的浪漫风情。

祖母格吊带

手工钩编的祖母格带有独特的人文韵味，其工艺是典型的民族风元素，可以轻松营造氛围感穿搭。

麂皮马甲

麂皮的材质复古感十足，结合流苏、铆钉元素，随性中流露着浪漫。

牛仔短裤

夏季必备单品，运用做旧水洗、毛边、破洞等工艺，个性十足。

波希米亚风衬衫

舒适亲肤的棉麻质感，干净的素色搭配手工刺绣，立体有质感，舒适且带有柔美与浪漫。

度假风长裙

飘逸的材质结合浓郁的色彩花纹，抽褶、不对称结构的设计，散发出别具一格的度假风情。

针织流苏长外套

简洁的版型与民族风图案相结合，流苏装饰呈现手工编织的质朴感，趣味灵动，粗犷中带有细腻的效果。

印花长裙

具有波希米亚风情的印花结合轻盈的雪纺类材质，富有浓浓的民族气息，佩斯利、植物、几何都是常见的印花元素。

关键配饰

波希米亚风格的首饰及装饰品追求自由、浪漫和个性化的表现，材质以彩石、金属或皮革类为主，造型和颜色都比较夸张，编织工艺是常用的表现手法，由于波希米亚风是多文化的融合，所以一些西部相关配饰也与此风格通用，比如西部靴、牛仔帽等，多元素的混搭，尽显波希米亚的自由风。

手工编织包

夏季百搭单品，日常和度假都很适合，用来搭配度假风的裙装可以营造轻松、自由的氛围感。

西部牛仔帽

由于波希米亚风受多元文化的影响，西部牛仔帽也是此风格的常用配饰，与民族风单品进行混搭，打造独特的异域风情。

西部靴

尖头、粗跟、v字靴口是牛仔靴的关键元素，兼具狂野与浪漫。以牛皮材质为主，结合精致的雕花、流苏等元素，轻松穿出时髦感。

西部风腰带

西部风皮带或绳编腰带，结合串珠或流苏元素，即使是简约的服饰也能打造出浓郁的民族风情。

夹脚凉鞋

波希米亚风格的鞋子通常采用天然材质，如皮革、亚麻等，可以给人带来更为舒适的穿着感受。

波希米亚风项链／耳饰

手工饰品，采用天然串珠、松石和银质材质的结合，更富有文化意义，多彩色与服装相呼应，相互点缀、相互衬托。

麂皮流苏包

麂皮的材质加上流苏元素，复古慵懒、飘逸洒脱，托特包、马鞍包都是比较百搭的款式，适合日常通勤和度假出游。

关键色彩

波希米亚风格的服装整体色彩比较艳丽、浓郁，会保留自然做旧的特征，所以即使很多强烈的色彩组合在一起也不会显得过于不和谐。大地色系与红色、紫色组合，色彩浓郁、丰富且有张力。

以大地色系为主，不同深浅的色调，繁复却和谐，在配饰或花纹图案中添加亮色点缀，增加穿搭的节奏感，呈现柔和治愈的自然色调。

08 老钱风

低调奢华　内敛摩登　优雅绅士

老钱风穿搭是指继承欧洲王室、贵族等一些上流阶层经过几世财富和学识积累而形成的一种低调内敛、气质得体的穿衣风格。用经典实用的廓形，结合高级质感的面料、精致考究的裁剪、精雕细琢的工艺、低调内敛的配色、简约利落的搭配来呈现不露声色的贵气。整体造型松弛有度、优雅沉稳，无论潮流如何更新迭代，老钱风穿搭总能历久弥新。

群体分析及生活场景

老钱风穿搭人群以35~48岁为主要代表性群体，大多成熟独立且追求高品质的生活。符合自信、刚柔并济、温柔而坚定、优雅而率性的都市独立女性形象。大多从事职场高管、独立创作人、品牌主理人、艺术行业引领者或职业经理人等职业。生活上热爱收藏艺术品，游走于各种艺术展览。日常造型低调得体，注重品质和品牌所附带的精神素养，有一定的生活经历和阅历。

适合人物风格：睿智型

老钱风群体的品类款式偏好

上衣	极简版型的真丝、棉、精纺羊毛质地衬衫 / 小衫 / 可单穿可叠穿
连衣裙	直筒连衣裙 / 衬衫式连衣裙 / 真丝、棉、精纺羊毛材质 / 针织长裙
针织	羊绒材质为主 / 简约版型 / 绞花工艺 / 拉绒工艺 / 经典款打底衫、套头衫 / 开衫套装
夹克	H 形为主 / 短款和一手长款为主 / 素雅香风外套 / 简洁利落廓形
西装	宽肩比例西装 / H 形版型精纺或粗纺羊毛为主 / 无性别主义风格
马甲	精纺羊毛材质 / 修身短款版型 / 通常与西装、裤子通用面料做整套搭配
风衣	H 形版型 / 精纺羊毛、棉或皮质材质 / 极简设计 / 常与针织连衣裙组合搭配
大衣	西装款长大衣 / H 形 / 箱型轮廓感长款大衣 / 羊绒羊毛材质 / 挺括利落线条
裤装	直筒裤、阔腿裤为主 / 西裤 / 百慕大短裤 / 羊绒、精纺羊毛、真皮材质
半裙	直筒裙为主 / 一步裙 / 皮裙 / 针织裙 / 小香风裙 / 与外套形成套装搭配

老钱风群体的造型搭配偏好

妆容	淡颜系，重在还原五官的真实度，追求自然肤色，粉底颜色尽量贴合肌肤底色，妆容的重点在眉眼处，线条细致利落，唇色、腮红淡雅
发型	直发或微卷发 / 不限定长短 / 纹理短背头 / 齐肩蛋卷头 / 中分波波头 / 长马尾 / 法式卷发 / 长直发
配包	皮质有一定体积感的包包 / 托特包 / 波士顿包 / 手拿大容量云朵包 / 皮质编织包 / 皮质菜篮子包 / 水桶包
鞋袜	皮质布洛克鞋 / 乐福鞋 / 穆勒鞋 / 吸烟鞋 / 切尔西靴 / 德训鞋 / 固特异鞋 / 牛津鞋 / 踝靴
配饰	手表（金属表带或皮质表带）/ 领带 / 复古皮带 / 披肩 / 围巾 / 简约蛇骨链 / 马蹄扣项链 / 精巧简约金属耳环 / 复古钱币毛衣链
发饰	费多拉帽 / 复古报童帽 / 康康帽 / 常春藤平顶帽 / 简约发绳 / 素色发卡

搭配方案

阔腿裤 + 毛衣 +

H 形大衣

H 形大衣极简、高级的廓形
与阔腿拖地裤的宽松设计相
得益彰，搭配同色系内搭和
配饰，打造舒适极简、随性
高级的都市造型。

针织背心 + 衬衫 +

西装套装

质感上乘的西装套装，搭
配背心和白衬衫，叠穿出
时髦感，斜挎箱型包的配
饰搭配也很关键，整体造
型散发着高级感，打造低
调内敛的精英穿搭。

慵懒毛衣 +

围巾 + 阔腿裤

宽松的廓形、柔软质感的毛衣，展现舒适
的穿着氛围，搭配轻松简约的阔腿裤，打
造低调松弛的日常与通勤造型，同时搭配
一条同色系的围巾，大气又不失时尚感。

廓形大衣 + 打底衫 +

牛仔裤

融合休闲与日常通勤，呈现舒适
的生活感穿搭，挺括大衣内搭针
织单品，打造极简都市感，加以
毛衣披肩造型的点缀，营造轻松
愉悦的都市氛围。

通勤连衣裙
+
打底衫

优雅简约的连衣裙，满足
都市女性多场合的着装
需求，低调内敛的裙装点
缀亮色打底衫，增添层次
感，打造摩登都市的通勤
时尚。

棉麻裤 + 衬衫

西装马甲

老钱风关键单品——
马甲，搭配基础衬
衫和领带装饰，精
致的上装搭配休闲裤装，碰撞出
日常低调而不失绅士风度的时髦
态度。

关键单品

老钱风的单品以舒适为主，追求简约、无logo、无图案的设计，大多为基础经典款，注重版型的精致和高品质的材质。其经典单品有西装套装、羊毛衫、衬衫、西装马甲、经典大衣等。

Polo 衫

Polo 衫作为经久不衰的单品，跳出了素有运动场合的限制，以叠穿形式重新回归，营造浓烈的文青氛围。

极简衬衫

极简版型结合天然的材质，体现老钱风低调高级的特质，适合单穿或叠穿，可多场合穿搭。

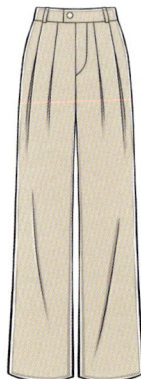

简约针织衫

简约优雅的造型结合舒适亲肤的材质，为秋冬季带来专属的慵懒松弛氛围，满足外出或居家等不同的穿着场合。

西装马甲

干练率性的西装马甲，与衬衫、西装等品类叠穿，轻松打造英式稳重的气质与高级优雅的氛围。

西装阔腿裤

利落干练的阔腿裤，采用垂感面料，如亚麻或精纺类，自带松弛氛围，塑造风格时可以选择套装形式，气场十足。

西装

羊毛精纺类材质的高级感与简约得体的西装廓形相结合，彰显低调内敛的腔调，打造利落摩登的氛围感。

极简连衣裙

简约、易穿，没有太复杂的细节设计，棉麻、羊毛、醋酸等材质舒适高级，展现出优雅、低调的氛围感。

绞花背心

绞花背心自带复古氛围感，是经久不衰的百搭单品，兼具温暖感与时尚感，与衬衫组成最佳 CP。

长款大衣

极简的设计、利落的线条、温暖的羊毛，羊绒类毛呢材质兼具柔软质感和舒适保暖的实用性，可打造从容松弛的都市女性形象。

关键配饰

老钱风配饰追求精致与低调的贵气感，不会过于花哨，通常用巴拿马帽、丝巾、简约皮带、经典款包袋、手表等增加搭配的精致度。鞋子基本选择经典款式，比如系带小皮鞋、德比鞋、乐福鞋等。在特殊场合也会搭配极简的宝石项链、珍珠饰品这一类具有贵气感的配饰。

平顶礼帽

平顶礼帽、巴拿马帽、费多拉帽都是老钱风的关键配饰，加上简单的饰带，中性酷飒，优雅的同时显露强大气场。

素雅领带

采用材质材质和经典设计的领带，搭配优雅的衬衫和剪裁得体的西装或马甲，展现高贵的品位与格调。

复古钱币耳饰

老钱风的耳饰不会选择过于花哨、夸张的款式，如精致复古的钱币图案给人高贵独特的时髦感。

简约手表

简约链条表带手表，经典低调，不需要过多的修饰。

复古皮鞋

德比鞋或乐福鞋等简单的款式，十分休闲日常，若选择有意式雕花的设计，更显精致、高级。

简约皮带

皮带是提升整体精致度的基础单品，复古的皮质、经典简约的款式，黑色、咖色都是比较百搭的颜色，优雅大气。

踝靴

踝靴的百搭特性也是它受欢迎的原因之一。无论是牛仔裤、长裙，还是大衣、羽绒服，踝靴都能轻松搭配，展现出独特个性。

复古报童帽

报童帽自带几分帅气中性感，多为毛呢材质，挺括有型，相较于礼帽更加日常百搭，碰撞出复古的优雅绅士风范。

托特包

老钱风包的特点是低调，没有过多的装饰和点缀，却能散发出内在的优雅气质。托特包、波士顿包等包袋具有通勤属性，正式却不呆板。

关键色彩

以温柔、沉稳的大地色为主，运用同色系不同明度的深浅组合，常搭配无彩色系，通过叠穿的形式来呈现色彩的丰富度。

老钱风穿搭中出现的彩色是低饱和度色系，比如蓝色调的藏蓝色与浅蓝色，搭配米色、灰咖色一类中性色调，散发着优雅感。

09 英伦风

复古摩登　英伦学院　优雅绅士

英伦风是指在英国维多利亚时期以自然、优雅、含蓄、高贵为特点的复古风格服装。运用良好的剪裁以及简洁修身的设计，体现绅士风度与贵族气质，个别带有欧洲学院风的味道，展现出一种独特的英伦风情和气质。整体稳重婉约、典雅舒适，精致感与实用性兼具，在时尚界经久不衰。整体色调沉稳，版型基础经典，其代表性元素有格纹图案、针织背心、西装、领带、牛津鞋等。

群 体 分 析 及 生 活 场 景

英伦风穿搭人群以 25~38 岁为主要代表性群体，自信从容、气质内敛且追求优雅精致的生活，传统却不刻板，优雅而有个性，具有文化底蕴和高雅的品位，不盲目追随潮流，有自己独特的风格喜好。大多从事艺术设计领域相关工作、买手店主理人、摄影师等，喜欢收集艺术品、手工艺品，喜欢古典文化及其他艺术。

适合人物风格：都市型

英伦风群体的品类款式偏好

上衣	棉质、精纺羊毛 / 格纹衬衫 / 传统版型 / 可单穿可叠穿
连衣裙	修身版型 / 学院风背心裙 / 格纹衬衫裙 / 大摆压褶裙 / 西装格子裙 / 棉质羊毛材质
针织	修身版型的套头衫 / 麻花元素 / 复古花纹提花 / 格纹提花 / 条纹提花
外套	男版夹克 / 粗纺人字纹 / 羊毛材质 / 植鞣皮材质 / 灯芯绒材质
西装	格纹西装 / 短款或一手长款 / 羊毛材质 / 彩点粗纺羊毛 / 条纹提花 / 灯芯绒材质
马甲	精纺或粗纺羊毛材质 / 修身短款版型 / 通常与西装、裤子通用面料做整套搭配
风衣	H 形版型 / 中长款为主 / 经典双排扣设计
大衣	H 形版型 / 中长款为主 / 格纹提花面料 / 羊毛材质 / 粗纺人字纹 / 复古金属扣装饰
裤装	羊毛锥形裤 / 小脚裤 / 直筒裤 / 灯芯绒材质 / 羊毛人字纹 / 格纹图案
半裙	一步裙 /A 形裙 / 压褶裙 / 格纹羊毛材质 / 双排扣装饰摆裙

英伦风群体的造型搭配偏好

妆容	淡颜系，选用哑光质地粉底液打造雾面妆容，少用高光，眉毛前粗后细，棕咖色系眼影打底，避免使用亮片眼影，哑光口红，画出唇峰
发型	不限定长短 / 大波浪卷发 / 微卷 / 直发 / 短发大背头 / 蓬松慵懒风微卷发 / 法式刘海
配包	法棍包 / 复古学院双肩包 / 邮差包 / 麂皮托特包 / 复古相机包 / 信封包 / 毛呢格纹包
鞋袜	牛津鞋 / 英伦风乐福鞋 / 骑士靴 / 霍尔文靴 / 德比鞋 / 流苏风格手工浅口皮鞋 / 白色短筒袜或中筒袜
配饰	学院风领带 / 英伦风徽章胸针 / 古铜做旧简约耳饰 / 牛仔波洛领 / 衬衫领角链
发饰	贝雷帽 / 爵士帽 / 平檐礼帽 / 前进帽 / 素头绳 / 素发卡

搭配方案

西装 + 衬衫 + 半裙

经典格纹西装塑造复古感的英伦学院风穿搭，简约的叠穿充满层次感，搭配领带和贝雷帽，散发浓浓秋日书卷气。

西装 + 背心 + 衬衫 + 西装短裤

西装可以选择格纹或复古深色款式，内搭针织和衬衫，配上长裤或者短裤，再加上平檐礼帽，复古中带有几分干练，知性文艺范十足。

马甲 + 衬衫 + 西装短裤

飘带款或基础款衬衫打底，外搭知性文艺的小马甲，搭配短裤和布洛克鞋、公文包，英伦复古感十足。

费尔岛提花毛衣 +

衬衫 + 西装裤

经久不衰的费尔岛图案提花
毛衣叠穿衬衣，搭配基础直
筒西装裤，戴一顶前进帽，
复古感十足。

披风大衣
+
打底衫

经典的英伦格纹披风大
衣塑造优雅感，内搭针
织打底衫，再搭配一双
流苏风格手工鞋，气质
温柔，塑造时尚秋冬氛
围感。

马甲 + 衬衫 +

牛仔裤 + 经典风衣

风衣是英伦风初秋的必备单品，
叠穿经典的格纹马甲和衬衫，
充满层次感的同时也不会过于
繁杂，体现了英伦风复古简约
的特点，再搭配长筒骑士靴，
干练帅气。

关键单品

英伦风的服装注重质感，常用材质以棉、羊毛、皮质为主。款式更是经典简约，复古风格的西装外套、格子衬衫、针织背心、长风衣等，任意一件单品的利用率都极高，讲究用叠穿来丰富整体的层次感，以精致的细节打造复古、典雅的风格。

英伦风马甲

优雅时尚的英伦风马甲，叠穿单穿各有风味，腰部比较服帖，裁剪合身，气质有型。

斗篷大衣

斗篷大衣可帅气可高贵，选择手感蓬松的羊毛或羊绒材质，轻盈有型，更显品质。

费尔岛提花毛衣

起源于英国费尔岛的针织品类，图案与色彩拼接有致，简约经典，带来温暖的英伦复古风。

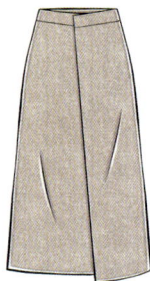

英伦风衬衣

以基础版型或略带宫廷风的设计为主，如泡泡袖、花边、飘带等，更加复古优雅，细节满满。

格纹锥形裤

格纹是英伦风的关键元素，搭配锥形版型，文质彬彬，非常百搭。

英伦复古西装

英伦风西装自带知识分子气质，复古素色或者英伦风格纹都可以，版型松紧有度，胸章刺绣精致文艺。

毛呢半裙

半裙是英伦风非常百搭的单品，毛呢材质更适合秋冬季节，保暖有型，人字纹或格纹更加时髦有个性。

复古背心

打造英伦风的文艺单品，适合叠穿，费尔岛提花或格纹提花都是经典元素。

关键配饰

英伦风常以中性风及基础款为主，所以配饰就显得尤为重要，出彩的细节能让本身相对简单的款式亮眼起来。大部分配饰遵循复古样式，例如报童帽、小礼帽、复古小皮鞋、复古胸针链等。

英伦礼帽

复古的英伦礼帽，常见的款式有卷边或者平沿的，加上简单的饰带，中性、优雅的同时显露强大气场。

英伦风领带

英伦风领带在穿搭中起到突出风格、修饰脸型、增添细节和表达个性等作用，为着装增添一抹独特的色彩。

复古怀表链

怀旧复古的马甲链或西装链，在搭配上起到画龙点睛的作用。可选择怀表元素或做旧雕花元素，为整体造型提升精致度。

英伦皮鞋

英伦风必不可缺的小皮鞋，可以选择德比鞋、布洛克鞋或乐福鞋，简单的款式搭配中筒袜，日常休闲又能展现复古、文艺、优雅的风格。

复古报童帽

英伦风的代表帽型，也称八角帽，多为毛呢材质，挺括有型，相较于礼帽，更加日常百搭，可碰撞出英伦复古的绅雅风范。

骑士靴

设计灵感来源于马靴，比起低调内敛的小皮鞋，骑士靴风格更加强烈，挺括有型，秋冬保暖又百搭。

袜子

由于穿皮鞋的场景居多，选择合适的袜子也能起到很好的点缀作用。

学院风包

英伦风的包包外形简约经典，以牛皮为主，像邮差包和后续演变的剑桥包都是典型的复古英国学院风格。

关键色彩

英伦风的色彩氛围通常以沉稳、内敛的中性色调为主，一般不会出现亮眼的彩色，浓郁的墨绿和复古棕色，低调奢华，散发着艺术气质。

中性色调的卡其色搭配深红色，使整体风格更加青春学院，红色推荐浓郁的酒红色，不会太明艳，与咖啡色一起搭配，营造出一种优雅、沉静、内敛的氛围。

10 酷飒御姐风

中性干练　职场率性　个性大气

酷飒御姐风是将女性的优雅与率性相融合的穿搭风格，既能体现女性的优雅美，又可以表达女性的力量感，是一种又美又飒、自信迷人的穿搭风格。随着当代女性群体在教育背景、经济能力上的提升，她们变得更加自主自强、独立自信，温柔、优雅、知性等柔美的形象已经满足不了当代女性的场合需求，酷飒风在兼具曲线美和力量感的同时，更彰显出女性的独特魅力。

群体分析及生活场景

酷飒御姐风格人群主要适用于 28~38 岁的女性，是以企业白领、银行金融行业、企业高管、店主、公职人员等女性群体为主的新中产阶级女性。接受过良好的教育，经济独立，自我意识觉醒，有较高的认知水平，追求内心的满足感与自我认同感，对创造独特的自我形象有很强烈的需求，对生活品质有一定的要求。

适合人物风格：俊美型

酷飒御姐风群体的品类款式偏好

上衣	圆领简约 T 恤／宽松棉质衬衫／工装风衬衫／老爹背心／运动背心
连衣裙	修身真丝吊带裙／衬衫式连衣裙／无袖垫肩款直身裙／皮质连衣裙
针织	修身抽条套头衫（圆领／V 领／U 领／高领等）
外套	皮质夹克／羊毛简约工装夹克／硬朗挺括材质
西装	宽肩垫肩版型为主／中性色调／皮质西装／宽翻驳领西装搭配西装马甲
风衣	翻领或西装领中长款／H 形为主／皮质风衣／羊毛或棉质
大衣	沙漏款超长羊毛大衣／翻驳领 H 形大衣／围巾领装饰感大衣／垫肩宽肩大衣
裤装	西装阔腿裤／直筒裤／开叉微喇裤／羊毛真丝或醋酸材质／皮质直筒裤
半裙	皮质筒裙／真丝或醋酸裹裙／A 字长裙／丝绒高开衩长裙／羊毛压褶长裙

酷飒御姐风群体的造型搭配偏好

妆容	浓颜系，主要强调高对比度，塑造冷艳氛围感，如深色微上挑眉形、哑光深邃眼妆、氛围感收缩色腮红、精致饱满红唇
发型	后背短发／直长发／魅力公主切／齐肩锁骨发／狗啃式刘海短发／利落马尾／发型颜色以黑色或灰色为主
配包	个性小众包为主／金属宽链条腋下包／机车包／沙漏包／方块包，黑色光感或金属色光感材质为主
鞋袜	全包高跟鞋／奥赛高跟鞋／高跟踝靴／穆勒鞋／尖头或方头高跟鞋／一字带或绑带凉鞋／袜靴
配饰	金色或银色个性感金属材质饰品／简约金属耳环／链条款耳环或项链／金属简约锁骨链或皮质项链／有棱角感墨镜／简约大气金属头皮带
发饰	简约金属头绳或发扣／金属熔岩造型发卡／素发绳

搭配方案

工装衬衫
+
包臀皮裙

中性帅气的工装衬衫搭配性感高开衩皮裙，御姐范十足，配饰上可以根据场合搭配皮手套，增加造型感。

皮衣 + 吊带连衣裙

酷帅皮衣夹克搭配性感吊带连衣裙，雪纺材质或缎面材质与硬挺的皮革碰撞，打造兼具性感、冷酷、刚柔并济的造型。

背心
+
廓形西装套装

酷姐衣橱的必备单品：阔肩西装套裙，西装与极简的白T搭配，精致简约、率性干练、气场十足。

紧身上衣
+
牛仔长裙

非常适合小骨架御姐的一套穿搭，看似日常，但通过牛仔的硬朗搭配皮质配饰，温柔中散发着御姐气质。

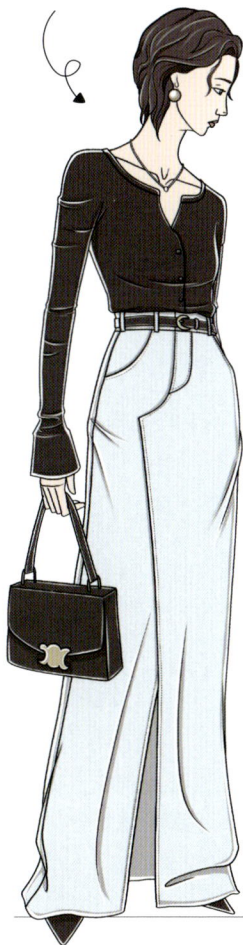

阔腿牛仔裤 +
背心 + 宽肩大衣

切斯菲尔德大衣内搭超短露脐装，点缀金属链条顶链，下搭阔腿牛仔裤，帅气中透露小性感。

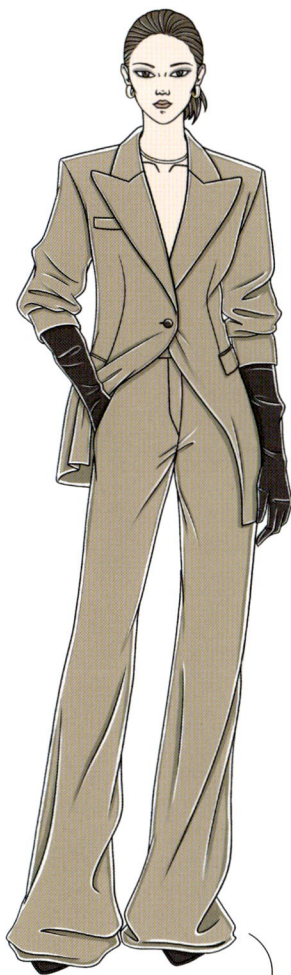

气场西装套装

酷飒风必不可少的西装套装，或内搭西装马甲叠穿，干练利落，廓形上选择略宽松的版型，松紧有序，打造强大气场。

关键单品

酷飒御姐风单品讲究极简的版型、有质感的面料、利落的剪裁、冷峻的色彩和简约的搭配等特点，能够表现出一种刚柔并济、冷艳、高贵的气质和强大的气场。

工装衬衫

简约款衬衫突破常规造型，利用工装设计极简利落，既日常又酷飒。

机车夹克

御姐风必备的帅气机车夹克，是具有独特魅力的服饰单品，展现出随性、不羁和酷帅的特点。

修身连衣裙

性感的修身连衣裙是御姐风必不可少的单品，与廓形外套形成鲜明的碰撞。

牛仔阔腿裤

比起西装款式，牛仔的材质更加增添休闲感，日常穿着非常百搭。

垫肩背心

区别于基础背心，垫肩的设计自带力量感，特别是窄肩的女生，能够很好地平衡比例。

廓形西装

特大号的版型和宽肩是廓形西装的标配，凸显女性干练精明的形象和气场。

皮裙

简单好穿的版型通过材质和剪裁打破平庸，增加酷飒、女强人气场。

西装阔腿裤

自带气场的阔腿裤，凸显腿部比例，结合极简的设计，兼顾时髦性与实用性。

切斯菲尔德大衣

切斯菲尔德大衣极简的裁剪，休闲干练中又有几分酷飒之美，温柔而又有力量感。

关键配饰

酷飒御姐风在配饰上无论款式、色彩、材质都不会过于花哨，整体趋向于中性基调，比如皮革、金属、链条这类的细节元素。其中尖头高跟鞋是非常关键的鞋品，兼具气场与性感。常见的配饰有中性包袋、金属耳饰、链条项链、墨镜、尖头高跟鞋等。

墨镜

墨镜是御姐风的灵魂单品，能够增强整体的穿搭风格，加持气场，是都市女强人出街必备。

金属戒指

造型简约的金属戒指是比较适合酷飒御姐风的配饰，简约中性，有个性，又不会显得过于夸张。

金属链条项链

提升造型时髦度的点睛单品，让整个穿搭不显单调，单戴或叠戴都很有态度。

金属大耳环

御姐风的耳环多为金属质感，造型也极简大气，可将优雅与飒爽完美平衡，尽显高级感与强大气场，适合日常也适合职场。

皮带

皮带除了实用性，也极具装饰作用，可以用来强调腰线，造型不用太夸张，选择极简、大气的款式即可。

尖头高跟鞋

尖头高跟鞋是非常能展现女性力量的单品，亮面的材质给人高冷的距离感，与中性的服装廓形碰撞，气场十足。

中性包袋

御姐风的包袋简约大气、材质硬朗、大容量且实用，加以金属配件点缀，看似低调但有设计感，既美又飒，日常、通勤都非常实用。

关键色彩

黑白配色是最经典且最受酷飒御姐风欢迎的配色之一，无论是中性的廓形还是女性化的款式，都能轻松营造出简约、大气、酷帅、优雅的穿搭氛围。

酷飒御姐风多会选择比较温柔的大地色系，如卡其色、咖色、棕色等，搭配中性的皮革或者牛仔，结合硬朗材质和利落的剪裁，展现独特的时尚态度。

11 文艺休闲风

舒适自然　简约经典　文艺气息

文艺休闲风是将休闲风格的舒适与文艺风格的自由随性相结合的穿搭风格，以简约自然的风貌来展现舒适自在的着装状态。这种风格的穿搭，不过于强调细枝末节、不刻意追求身体曲线、不迎合潮流、没有烦琐的设计，多用简约的线条、自然的材质，使整体造型轻松、慵懒、简约、舒适又不失气质，有较强的包容性，适合多种场合穿着。

群体分析及生活场景

文艺休闲风格人群不受年龄影响，其职业也相对多元化，如作家、艺术家、摄影师、旅行家或自由职业者、公职人员、创意产业工作者抑或是家庭主妇等。追求自由、舒适、自然的高品质生活方式，善于发现生活中的美好，且具有丰富的情感和人文关怀，喜欢阅读、旅行、摄影、手工艺创作等。

适合人物风格：自然型

文艺休闲风群体的品类款式偏好

上衣	简约宽松版型为主 / 短款 / 软牛仔面料 / 棉麻面料 / 文青衬衫 / 基础 T 恤
连衣裙	宽松版型为主 / 棉质面料 / 牛仔面料 / 衬衫式连衣裙 / 醋酸、针织直筒背心裙
针织	宽松简约版型为主 / 条纹元素 / 复古风背心 / 经典圆领开衫 / 高领套头衫
外套	宽松版型为主 / 简约夹克 / 经典牛仔外套
西装	基础直身版型为主 / 精纺羊毛面料 / 亚麻面料
风衣	宽松直身版型为主 / 棉锦、醋酸、牛仔面料 / 腰部抽绳或腰带装饰
大衣	直身型、茧型版型为主 / 羊毛、羊绒双面呢大衣 / 翻领、西装领 / 风衣结构
裤装	牛仔、棉、麻、醋酸面料 / 牛仔直筒裤、背带裤 / 百慕大短裤 / 阔腿裤
半裙	A 字裙 / 直筒裙 / 牛仔、棉麻、醋酸面料

文艺休闲风群体的造型搭配偏好

妆容	淡颜系 / 清透自然底妆 / 妆感不明显 / 眉毛自然 / 眼妆大地色系 / 简单修饰轮廓 / 腮红、唇色自然 / 强调面部气色
发型	随性披发 / 低马尾 / 低丸子头 / 中长日系卷发
配包	托特包 / 帆布包 / 斜挎包 / 简约百搭双肩背包 / 大尺寸手袋
鞋袜	纯色中筒袜 / 运动鞋 / 小白鞋 / 乐福鞋 / 布洛克鞋
配饰	小表盘手表 / 几何造型耳环 / 极简款腰带 / 简约戒指 / 细框眼镜
发饰	风格整体偏清爽 / 少量头饰 / 与服装呼应的头绳，在扎发时起到点缀作用

搭配方案

衬衫式连衣裙

简单利落的版型加上舒适的棉麻材质，法式文艺风情的衬衫裙，体现了极简的生活理念，为女性的都市通勤造型增添了文艺优雅的气息，选择有腰带的款式，视觉上会更强调腰线。

衬衫 + 针织衫

+ 阔腿裤

简约针织套头衫搭配衬衫，打造有层次感的叠穿效果，如果觉得两件厚重，也可以选择假两件款式，单穿不单调，外搭风衣、大衣，整体造型丰富有节奏感。

衬衫
+
打底衫
+
百慕大短裤

舒适简约的文艺衬衫叠搭打底衫，若想要提升穿搭丰富度，可以选择亮色的打底，打造层次感穿搭，搭配西装短裤和小皮鞋，日常随性却又细节满满。

(T恤) + (背带裤)

经典的条纹针织短袖，搭配
工装背带裤和小白鞋，轻松
又舒适，时尚又减龄。

(条纹针织衫)
+
(牛仔半裙)

休闲感的条纹针织上衣
搭配直筒牛仔半裙，将
知性与休闲融为一体，
打造简单随性的文艺感
穿搭。

(风衣) + (T恤) +
(牛仔裤)

秋日必备单品——风衣，基
础经典的款式，百搭又日常，
完全不需要考虑如何搭配，
简单的白T恤搭配牛仔裤，
套上一件风衣，舒适且随性。

关键单品

文艺休闲风的单品主要是舒适极简的款式，基本没有太夸张的设计，以实穿、百搭的款式为主，面料为了突出休闲感，主要以牛仔、棉麻一类舒适度较高的材质为主，比如文艺衬衫、牛仔外套、百慕大短裤、极简半裙等。

文艺衬衫

简约宽松的版型和淡雅的色彩彰显随性的文艺气质，棉麻材质舒适亲肤，除了素色也可以选择条纹款。

条纹针织衫

条纹作为针织单品中的经典设计元素，为毛衫增添时尚气氛，简约基础的版型，日常出街和精致通勤可随意切换。

百慕大短裤

百慕大短裤自带轻松属性，简约利落的版型轻松搭出时髦感，可以选择透气挺括的面料，如棉锦、亚麻等。

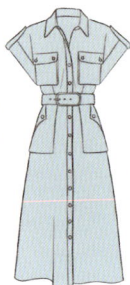

衬衫式连衣裙

文艺气质的衬衫裙，极简又有型，简单利落的版型，结合天然的棉麻或牛仔材质，舒适又有态度。

背带裤

背带裤，宽松简约的廓形，搭配T恤，舒适又减龄。

牛仔外套

经典的牛仔外套是换季必备单品，简约的版型加上基础的设计，日常百搭，轻松穿出慵懒随性气质。

连体裤

连体裤解决了搭配的困扰，选用牛仔或棉锦及棉麻等材质，给人一种轻松、自在的舒适感。

经典风衣

极简的经典款式，打造舒适简约的通勤或日常休闲穿搭，颜色上多选择经典卡其色、藏青色或军绿色，都可以轻松营造随性文艺的气质。

关键配饰

文艺休闲风注重简约设计、自然材质、色彩柔和及搭配灵活等特点，营造出一种舒适、自然、简约而富有设计感的效果。比如极简树脂耳环、简约环形戒指、细皮带、复古小皮鞋、皮质表带手表、皮质或帆布材质托特包和小白鞋等。

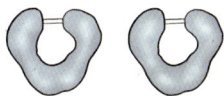

耳饰

文艺休闲风的耳饰可以选择树脂质感的，几何造型或简约流线感造型都十分合适。

戒指

造型简约的戒指，如环形叠加状戒指，能很好地点缀穿搭，提高层次感。

头绳

头绳不单单实用性高，有设计感的头绳同样可以作为装饰戴在手上，起到点缀的作用。

极简皮带

腰带是提升整体精致度的基础单品，复古的皮质、经典简约的款式，黑色、咖色都是比较百搭的颜色，简约大气。

小皮鞋

文艺复古风必不可缺的小皮鞋，简单的款式，休闲日常，也可选择拖鞋款，更显精致、高级，打破单调乏味感。

手表

皮带材质的手表相较于金属带材质的手表，其质地更加的自然、柔软、细腻，穿戴舒适，结合简约的表盘设计，适合打造文艺休闲的气质。

小白鞋

小白鞋简约百搭，在时尚更替中一直占据着重要地位，可以说是最百搭的单品，与文艺休闲风完美适配。

包袋

文艺休闲风的包袋尺寸偏大，强调休闲舒适的实用性，材质上可以选择皮革或帆布与皮革相拼，百搭又耐用。

关键色彩

文艺休闲风的配色注重舒适、自然和柔和,用淡雅、低调的卡其色和牛仔色,营造出轻松、自在的感觉。

中性色系是文艺休闲风的常用色彩,军绿色和牛仔蓝色的组合,再加入米灰色过渡,给人沉稳、大气又轻松的氛围感。

12 甜酷新中式风

中西融合　甜美酷飒　多元混搭

风格解读

国风的热潮，展现了中国年轻一代与生俱来的民族自豪感以及对中国传统文化的认同和使命感。甜酷新中式的穿搭风格是将传统国风元素与当下流行的甜酷趋势相结合，既保留了中国传统元素，又将新时代的美学理念融入多元化的结构设计、面料、色彩、配饰等，同时将中式结构结合西方裁剪，打造出又甜又酷的穿搭视觉。

群体分析及生活场景

甜酷新中式风格人群主要活跃于18~29岁的年轻女性，以学生群体或自由职业群体为主。形象古灵精怪、风格多变，喜欢尝试各种新鲜的事物，接受不同的文化。热爱生活，喜欢旅游，喜爱中国古典文化，并对汉文化相关领域进行学习和钻研，是汉文化相关消费品的传播者、推崇者和消费者。

适合人物风格：俏皮型

甜酷新中式风群体的品类款式偏好

上衣	修身版型为主 / 中式领盘扣 / 提花面料 / 泡泡袖 / 荷叶边 / 镂空 / 刺绣
连衣裙	改良旗袍 / 修身版型 / 拼接 / 镂空 / 抽绳 / 盘扣 / 提花面料 / 开衩裙 / 泡泡袖
针织	修身版型为主 / 超短款 / 中式提花 / 撞色边 / 镂空 / 法式新中式 / 泡泡袖 / 斜门襟
外套	简约 H 形版型为主 / 装饰性大盘扣 / 金属质感古典扣 / 亮色 / 提花面料 / 刺绣
西装	宽肩垫肩版型为主 / 装饰性大盘扣 / 金属质感古典扣 / 刺绣 / 暗纹提花面料
风衣	中式领 / 长款系腰带 / 暗纹提花面料 / 装饰性盘扣 / 不规则结构 / 拼接
大衣	短款 H 形为主 / 不对称门襟 / 装饰盘扣 / 个性刺绣 / 垫肩 / 浅或亮色 / 粗花呢
羽绒	短或中长款 /H 形版型为主 / 装饰大盘扣 / 个性绗缝 / 拼接 / 撞色 / 亮色点缀
裤装	与上衣相呼应的提花短裤 / 腰部盘扣装饰 / 微喇裤 / 牛仔小脚裤
半裙	mini 裙 / 直筒裙 / 提花面料 / 高开衩 / 不对称结构 / 盘扣

甜酷新中式风群体的造型搭配偏好

妆容	浓颜系，混搭妆容，也被称为"国潮千禧妆"，底妆白、眉毛黑，眼线、口红颜色跳跃，眼妆多开眼角和上挑眼线，兼备清冷和酷飒
发型	长发或中长发 / 半盘发 / 编发 / 扭扭辫 / 格格头 / 丸子头编发 / 侧麻花辫 / 侧丸子头 / 鸡毛盘发
配包	小包为主 / 国潮刺绣包 / 混搭个性皮质包 / 链条包 / 腋下包 / 单肩包
鞋袜	厚底珍珠或花朵装饰玛丽珍 / 乐福鞋 / 马丁靴 / 穆勒鞋 / 高筒靴 / 甜美装饰感的黑、白色中筒袜
配饰	由于中式领型的包裹性，项链佩戴较少，多以流线型耳坠，扇形、心形或混搭个性金属耳环，银饰质感混搭元素手链为主
发饰	个性金属质感发簪 / 甜美蝴蝶结发绳、发卡 / 假发辫

搭配方案

改良中山装
+
提花半裙

将传统中山装进行改良，用亮色新中式绳扣加以点缀，与提花面料的半裙搭配，打造时髦、精致的新中式穿搭。

新中式截短上衣
+
盘扣半裙

截短上衣搭配中长半裙，打造上短下长的视觉感，凸显身材比例。中式小立领和盘扣元素提升整套穿搭的细节，搭配量感厚底鞋，塑造甜酷风格。

新中式西装套装

套装是最方便塑造时髦感的穿搭，中式元素结合解构风的设计，让整套搭配更具有层次感，适用于日常与职场通勤等不同的场合。

将唐装进行现代化改良，融入当下流行的泡泡袖、荷叶边等设计元素，整体既古朴甜美又俏皮可爱。

改良旗袍 + 高筒靴

新式设计元素为传统中式旗袍注入现代灵魂，将中式图案与千禧风格色彩融合，打造甜美辣妹感的旗袍风格，搭配高筒靴，可甜可酷。

新中式紧身上衣
+
工装短裙

紧身上衣搭配短裙是甜酷风经典的搭配方式，融入中式图案与盘扣细节，再与工装风短裙混搭，个性十足。

关键单品

甜酷新中式风既有传统的文化元素，又有现代时尚的张扬个性，相比传统中式风格的含蓄、内敛，其在款式、色彩、元素的运用上更加大胆，截短式的设计、紧身的版型、泡泡袖等都被大量运用。常见单品有盘扣上衣、盘扣 polo 衫、中式泡泡袖上衣、改良旗袍、中山装等。

新中式 polo 衫

对襟盘扣设计结合休闲的 polo 领，碰撞出不一样的穿搭效果，结合泡泡袖的造型，演绎独特的新中式美学。

改良中山装

改良的中山装，保留立领、斜襟的特征，融入撞色盘扣等细节，打破原有的严肃感，呈现全新的中山装风貌。

盘扣西装

将西式廓形与中式元素相结合，打破传统西装的沉闷感，展现更加符合现代审美的新中式风格。

新中式提花半裙

时尚解构感的筒裙结合国风元素，让半裙富有层次感，再加入个性前卫的设计元素，看似低调却又不失态度。

盘扣半裙

简约的版型加入中式盘扣元素，既素雅又个性百搭，结合暗纹提花材质，更显精致。

新中式紧身上衣

修身上衣的廓形结合局部挖空、拼接的细节，再加入中式的斜襟、盘扣等元素，打造性感与柔美碰撞的冲击感。

改良唐装套装

对传统的唐装进行现代化设计与改良，巧妙融入当下流行元素，塑造出俏皮且不失雅致的新面貌。

新中式泡泡袖上衣

泡泡袖结合中式截短版型，融合盘扣、小立领等细节，凸显甜酷辣妹俏皮的精致气质。

关键配饰

甜酷新中式风的配饰特点是将传统与现代大胆创新地融合，强调多元素的混搭，既有东方韵律的发簪、银饰，又有现代感的包袋、鞋靴等。将这些不同的元素混搭在一起，不但没有任何违和，还能展现别具一格的时尚风格。

甜酷风耳饰

耳饰可以选择夸张的造型，金属材质与蝴蝶、爱心或蝴蝶结等甜美元素结合，色彩除了经典黑色以外，粉色、紫色等亮彩色也能增加整体的氛围感。

厚底高筒靴

厚底高筒靴弱化了甜美气质，更显酷飒、帅气，细节上可以带有一点金属元素，能够与其他配饰相呼应。

长筒袜

厚底鞋搭配长筒袜是经典搭配，袜口带有甜美的设计元素，有趣的同时又能增添个性。

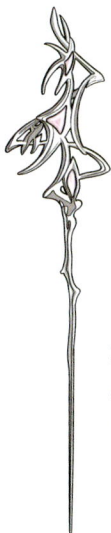

玛丽珍厚底鞋

玛丽珍厚底鞋硬挺的外形轮廓搭配长筒袜，即使是内敛的少女风穿搭，也可以让造型瞬间时髦个性起来。

新中式发簪

将传统中式发簪融入新兴设计，造型多样，材质以银质为主，具象的蛇、蝴蝶等造型或是富有科技感的异形造型，都具有较强的视觉冲击感。

腋下包

甜酷风自带辣妹气质，千禧感的包袋非常适合凸显整体造型，尺寸不要过大，包型立体，展现先锋摩登感，马鞍包、月牙包都是常见造型。

关键色彩

粉色甜美，黑色酷飒，两者碰撞在一起，会迸发出帅气中带有俏皮甜美的感觉，打破了中式风格内敛、含蓄的固有印象，给人视觉上的冲击。

比起"粉色和黑色"的俏皮感，"绿色和棕色"的搭配则有种大自然的色彩感，沉稳、静谧，是中式元素非常具有代表性的一组配色，凸显出中式韵味。

13 新知识分子风

都市知性　　舒适通勤　　学院混搭

新知识分子风是指以女教师或女作家为原型的具有气质的着装风格，可以追溯到 20 世纪初出现的一批女性作家、艺术家、哲学家的穿搭，整体造型流露着知性气质，表达着独立的精神思想。这种风格发展至今，将职场、休闲和实用性相结合，以不同的单品混搭，营造轻松愉悦的都市氛围，这种简单、低调、时髦又带有敏锐才气的穿搭风格，正顺应当代女性对高知性、独立思想、文化内在修养的崇尚和追求。

群体分析及生活场景

新知识分子风格人群不受限于年龄，可以是二十多岁的求学者或初入职场的群体，也可以是四五十岁的教师或艺术家。高知女性是她们的标签，具备更高学历、更宽广的眼界、更高消费力以及更独特的消费观念，追求舒适自在，兼顾工作生活，悦己悦家，拼搏进取。

适合人物风格：睿智型

新知识分子风群体的品类款式偏好

上衣	实用极简无性别款衬衫 / 基础圆领棉质 T 恤
连衣裙	绅士领修身连衣裙 / 衬衫领真丝或醋酸连衣裙 / 西装领精纺羊毛连衣裙
针织	修身圆领或 V 领针织开衫 / 圆领或 V 领短针织背心 / 高领打底衫 / V 领套头衫
外套	通勤风短款箱型毛呢外套 / 复古格纹短夹克
西装	宽肩版型为主 / 毛呢西装 / 格纹西装 / 翻驳领 / 粗纺人字纹羊毛材质
风衣	宽肩 H 版型为主 / 棉锦风衣 / 简约通勤无性别感风衣
大衣	垫肩宽肩毛呢大衣 / 羊毛格纹大衣 / 人字纹大衣 / 翻驳领 H 形长大衣
羽绒	翻领风衣式羽绒服 / 直身型超长款极简羽绒服 / 条纹或格纹绗缝
裤装	西装直筒裤 / 阔腿裤 / 百慕大短裤 / 直筒牛仔裤
半裙	毛呢或牛仔长筒裙 / 精纺羊毛 A 字褶裙 / 格纹压褶长裙 / 皮质筒裙

新知识分子风群体的造型搭配偏好

妆容	淡颜系，重点打造清淡自然的氛围感，清透的底妆没有过多的修饰，还原五官特征，无眼影，偏低饱和度淡奶茶色口红，打造素颜妆感
发型	低马尾 / 松弛大卷发 / 羊毛小卷发 / 随性抓发 / 披肩直发
配包	邮差包 / 公文包 / 豆腐包 / 托特包 / 信封包 / 贝壳包 / 马鞍包
鞋袜	乐福鞋 / 吸烟鞋 / 德比鞋 / 方头高跟鞋 / 布洛克鞋 / 简约中筒靴 / 短筒袜或中筒袜
配饰	金丝眼镜 / 黑色框架眼镜 / 素色或小格纹领带 / 简约冷淡风几何感耳饰 / 精细金属项链
发饰	贝雷帽 / 素发绳 / 素发卡

搭配方案

T恤 + 半裙 + 针织背心

学院感针织背心内搭T恤，秋季的时候可以搭配简约衬衫，塑造叠穿的层次美，背心选择V领的设计，不仅能拉长脖子线条，还能修饰脸型，搭配贝雷帽，彰显知识分子的文艺格调。

百褶裙 + 衬衫 + 针织开衫

针织开衫作为秋冬百搭单品，V领的版型搭配衬衫和百褶裙，塑造极简风叠穿，简约但不失个性，有着温暖文艺的学院感。

老爹背心 + 衬衫 + 牛仔半裙

非常简约日常的搭配，不要小看老爹背心起到的作用，可以让衬衫穿搭更有个性，还可以通过一些配饰来提高精致度。

马甲 + 衬衫 +

西裤

经典复古的知识分子范儿，
基础马甲搭配白衬衫，领
带的配饰让整个风格文艺
感十足。

马甲 + 衬衫 +

西装套装

一套适合通勤的穿搭，体现
高知摩登气质，基础的套装
叠穿马甲和衬衫，干练帅气，
满满的简约高级感，选择含
有羊毛的面料，塑造出有品
位的利落穿搭。

格纹大衣 + 半裙 +

针织背心

简约经典的款式，通过叠穿
打造穿搭层次感，格纹是常
见的元素，格纹领带的装饰，
让整套搭配文艺又复古。

关键单品

新知识分子风的单品看似简约经典，却不缺乏设计细节，经典的版型、有质感的面料、精巧的细节，通过叠穿搭配，打造时髦优雅的通勤风。常见的单品有基础针织衫、西装套装、中性衬衫、格纹大衣等。

西装马甲

西装马甲是塑造知性气质的代表单品，可叠搭衬衫、西装等，是比较有代表性的知识分子搭配。

针织背心

秋冬叠穿必备单品，兼具温暖感与时尚感，轻松营造浓烈的文青氛围。

中性衬衫

新知识分子风的衬衫版型会偏大些，中性宽松的版型慵懒大气，除了素色也可以选择条纹款，提升时髦度。

廓形西装

阔肩西装，简单利落的版型，羊毛质感的面料，塑造风格时可以选用套装形式也可单独搭配，营造干练率性的氛围。

百褶半裙

学院文艺感百褶裙，新知识分子风适合长度偏中长的款式，过膝的长度增添了一丝干练感，轻松塑造复古文艺氛围。

西装裤

直筒或者小阔腿的版型更显随性感，垂感挺括的面料有型显瘦。塑造风格时可以选择套装形式也可单独搭配。

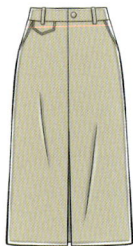

极简半裙

百搭的直筒版型，可选择牛仔色、中性色或大地色，打造恰到好处的松弛感。

针织开衫

极简版型，万能百搭，经典不过时，可单穿或者内搭衬衫，营造叠穿层次感。

关键配饰

新知识分子风非常讲究配饰的搭配性，看似随性但不乏精致感，款式不会太过复杂，有点复古的风格。常见的配饰有剑桥包、贝雷帽、复古手表、文艺风镜框、乐福鞋等。

贝雷帽

与秋冬非常适配的贝雷帽，是打造知识分子造型的经典单品，复古色调满满，根据季节可以选择皮质或者羊毛材质，提升整个造型的时髦精致度。

领带

领带是十分适合诠释文艺气质这一特征的单品，搭配马甲、衬衫都是比较经典的搭配。

带框眼镜

高智感和复古风的结合，可以根据脸型选择不同的款式，如猫眼造型、菱形造型等，粗框的设计极具复古感，有种知性睿智的感觉。

复古手表

手表是非常能提升知性优雅气质的单品，纤细的表带和小号的表盘更加秀气，推荐选择皮质表带，内敛雅致。

复古腰带

腰带是非常基础的提升整体精致度的单品，复古的皮质，经典简约的款式，黑色、咖色都是比较百搭的颜色，优雅大气。

珍珠耳饰

新知识分子风的耳环不会选择过于花哨、夸张的款式，精致的珍珠能很好营造时髦知识分子的优雅感。

袜子

和小皮鞋绝搭的袜子，因为新知识分子风穿皮鞋的场景居多，选择合适的袜子也能起到很好的点缀作用。

极简复古包

知识分子人群摩登知性的同时又自带怀旧氛围，包袋这种实用的单品兼顾通勤与日常，偏向文艺复古感，极简腋下包、剑桥包、公文包等都很百搭。

复古皮鞋

带有复古韵味的小皮鞋，不论是乐福鞋、布洛克鞋或牛津鞋都是新知识分子风穿搭中日常经典的百搭款。

关键色彩

在新潮流的影响下，年轻一派将活跃的亮色点缀在沉稳安逸的基础色中，增添了趣味愉悦的活力因子。灰色基础色中点缀亮绿色，稳重中又不缺乏活力。

经典基础的大地色系和无彩色系搭配，散发着浓郁的书卷文艺气息，牛仔色作为百搭色，使整体搭配复古感满满。

14 摩登新中式风

摩登知性　精致优雅　古典雅致

摩登新中式风是在兴起已久的"中国风"传统元素的基础上融入当下流行元素的穿搭风格，保留传统中式古典雅致的韵味，同时加入新时代下个性、时尚、艺术、包容、高级、舒适的生活方式。在古典图案与中式传统单品的基础上，加入更多现代化的廓形与细节，整体造型更加日常与实穿，既展现东方气质的清婉之美，又彰显新时代女性的时尚摩登的独特韵味。新中式风穿搭代表了东方审美的自信与独立，是对传统文化的传承与创新。

群体分析及生活场景

摩登新中式风格人群主要为 28~48 岁人群，她们经济独立，有较高的艺术审美水平，以企业高管、艺术品收藏家、茶艺师、手工艺术家、公司主理人等群体为主。有较高的艺术情操，喜欢古典高雅的事物，喜欢中国传统文化，爱好山水画、国潮。经常去参观展览、参加茶艺沙龙，或出席高端的社交活动。

适合人物风格：古典型

摩登新中式风群体的品类款式偏好

上衣	直身廓形为主 / 立领盘扣 / 斜襟 / 流苏穗 / 刺绣 / 灯笼袖 / 中式图案 / 提花面料 / 光泽感面料
连衣裙	合体收腰版型为主 / 立领盘扣 / 斜襟 / 刺绣 / 缎面光泽面料 / 改良旗袍
针织	短款合身版型为主 / 泡泡袖 / 翻领 / 斜襟盘扣 / 中式元素图案 / 提花面料 / 刺绣
外套	直身版型为主 / 斜襟 / 盘扣系带 / 刺绣 / 提花面料 / 改良中山装、唐装 / 马甲
西装	极简廓形 / 系带 / 盘扣 / 中式色彩 / 刺绣 / 提花面料 / 丝毛或丝毛提花面料
风衣	长款为主 / 直身型 / 立领 / 斜襟 / 对襟 / 盘扣 / 提花面料 / 亚麻面料
大衣	长款腰带收腰版型 / 短款箱型版型 / 圆领、立领 / 盘扣 / 搭襟 / 灯笼袖
羽绒	立领、圆领 / 改良盘扣 / 中式门襟 / 中式元素 / 提花面料 / 花式绗缝工艺 / 大盘扣装饰
裤装	改良宋裤 / 西装裤 / 系带阔腿裤 / 西装面料 / 缎面面料
半裙	中长款为主 / 盘扣 / 中式元素 / 提花面料 / 伞裙 / 直身裙 / 马面裙

摩登新中式风群体的造型搭配偏好

妆容	淡颜系,打造东方清冷气质,底妆干净清透,眉毛细长且弯,弱化眼妆,眼线勾勒细长造型,睫毛自然卷翘,唇色哑光红色
发型	新中式盘发 / 发簪盘发 / 侧边麻花辫 / 抓夹卡发 / 麻花辫盘发
配包	尺寸以小号为主 / 口金包 / 刺绣流苏手提包 / 云朵包
鞋袜	粗跟单皮鞋 / 奶奶鞋 / 刺绣单鞋 / 穆勒鞋
配饰	新中式耳环 / 新中式胸针,以银色为主,结合宝石或玉石的多元组合 / 串珠与现代感元素组合的项链、手链
发饰	古风飘带款 / 古典婉约款及冷艳金属款的发簪 / 新中式抓夹

搭配方案

新中式上衣
+
马面裙

马面裙的话题让新中式风格热度升高，搭配短款的盘扣上衣，增加整体造型的层次感，展现出华丽、优雅的风格。

改良旗袍

改良旗袍是新中式穿搭中最基础、最有代表性的单品，丰富多样的设计让旗袍更加年轻化。

改良中山装 + 半裙

重工工艺是新中式风格常用的细节，可以让改良的中式外套更显时尚、摩登，搭配直筒裙或马面裙，尽显东方韵味。

盘扣衬衫 + 微喇裤 +
新中式马甲

新中式国风刺绣马甲，温柔又
带有清冷感，搭配中式盘扣衬
衫和垂感微喇裤，大气高贵又
减龄，展现国风新魅力。

中式提花毛衫
+
阔腿裤

在针织品类中融入中式
结构，结合提花工艺，
打造新中式的经典单品，
搭配流苏阔腿裤，雅致
灵动。

改良新中式套装

改良后的新中式套装加入现代元
素，简约的线条、明亮的色彩和
时尚的图案，更符合现代人的审
美，搭配简约的高跟鞋，可以更
好地展现出优雅的气质。

关键单品

摩登新中式单品核心在于将中式服装年轻化，将经典国风元素融入现代感廓形中，如改良旗袍、盘扣上衣、中式提花衬衫、马面裙等。

盘扣上衣

盘扣短上衣搭配中式小立领，经典大气，演绎新中式独特美学。

新中式衬衫

盘扣、立领等传统元素赋予衬衫新中式韵味，结合光泽垂顺的提花面料，打造随性优雅的通勤穿搭。

中式刺绣马甲

重工工艺是新中式风格的关键元素，结合中式马甲，可搭配衬衫品类，打造新中式特有的摩登时尚。

新中式针织衫

传统中式元素以极简的设计融入针织产品中，中式图案的提花、盘扣等装饰都是展示中式优雅气质的关键元素。

马面裙

新式马面裙删繁就简，廓形趋向简约，光感缎面与国风图案相结合，通过刺绣、提花等工艺，彰显低调奢华，打造精致的东方气韵。

改良旗袍

新式设计元素为传统中式旗袍注入现代灵魂，古典与现代的碰撞，模糊了礼服与常服的界限，符合当代年轻人的穿搭审美。

中式提花伞裙

伞裙是摩登感十足的单品，简约的 A 字裙型，对身材的包容度大，优化腰臀比例。缎面的材质加上肌理提花，体现重工奢华的精致感，凸显优雅摩登的气质。

中式元素西装

西装是摩登风尚的必备单品，将中式元素细节融入极简西装廓形，展现摩登利落的气质，打造个性通勤着装。

关键配饰

摩登新中式配饰将传统元素与现代设计相结合，如竹子、祥云、水墨图案、花卉等，将其变形改造，更加贴合年轻一代的喜好，如新中式发簪、新中式耳饰、新中式胸针、口金包等。

新中式手包

相对口金包的优雅贵气，手包极简的设计更加适合日常搭配，包型偏柔软，不会有太强硬的几何造型。

新中式胸针

新中式风格胸针，将古典元素以新的形式融入现代设计中，点缀在服装上，增加整体造型的细节和精致感。

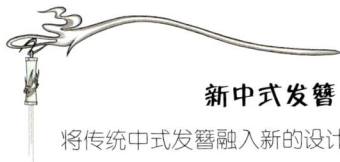

新中式发夹

竹子或扇子等造型的发夹，点缀红色宝石与珠链元素，为新中式整体搭配增添时髦感。

新中式耳饰

新中式耳环的常用元素有花朵、扇子、竹子等，将这些古典元素以新的形式融入现代设计中，如镶嵌绿色、红色等经典中式色彩的宝石，结合银质材质，典雅又显气质。

新中式发簪

将传统中式发簪融入新的设计，常用元素有花朵、扇子、竹子等，更加年轻化，区别于传统中式常用木质材质，新中式多以银质为主，款式也更丰富时尚，足以满足日常、通勤、约会等各场景穿戴。

口金包

口金包优雅高贵，和旗袍非常适配，皮质或提花的材质更适合日常通勤。

奶奶鞋

舒适的奶奶鞋，极简又大气，满满的松弛感，和中式的清冷感非常适配，既通勤又日常。

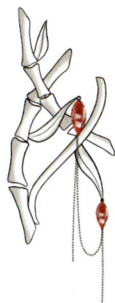

关键色彩

红与黑搭配是摩登新中式风格非常经典的配色之一，代表着喜庆、吉祥的中国红搭配古时以"玄"称之的黑色，既热烈又有着至简的大气。

受瓷器影响而产生的配色，不同于经典的红黑搭配，柔和的粉色和绿色，带给人视觉上的清新、优雅感。

15 职场通勤风

简约摩登　精致优雅　时髦干练

职场通勤风是指职业女性在办公室、交际场所穿着的较为适宜的服装风格。通勤装并不是指职业装，仅属于职业装的一个分支，随着女性群体的思想独立、经济独立，女性对职场着装的要求也越来越高，稍显呆板的职业装被替代，取而代之的是简约大气、清爽舒适、时髦干练、好穿又不挑人的单品。

群体分析及生活场景

职场通勤风格人群不受限于年龄，以28~45岁职场女性群体为主，多为享受生活与工作的高知文化都市女性，主要从事公司白领、企业高管、公职人员、品牌主理人等职业。爱好艺术，追求都市感精致文艺风与极简主义美学，兼顾工作与家庭，职场之外享受日常舒适的居家生活和社交活动。

适合人物风格：知性型

职场通勤风群体的品类款式偏好

上衣	实用简约棉衬衫 / 真丝材质衬衫或小衫 / 优雅结构设计感小衫或 T 恤
连衣裙	真丝、醋酸、精仿毛料材质衬衫式连衣裙 / 优雅结构设计感连衣裙
针织	半高领或高领打底衫 / 经典款羊毛或羊绒材质背心或套头衫 / 拉绒工艺 / 精致装饰
外套	箱型短外套 / 简约直线条的小香风外套 / 圆领皮衣夹克
西装	中量感版型为主的精仿毛料西装 / 威尔士亲王格纹西装 / 真丝或醋酸料西装 / 一手长款为主
风衣	中量感 H 版型为主 / 棉锦料或精仿毛料风衣 / 一手长款或到小腿部位的长款为主
大衣	经典廓形的毛呢大衣 / H 形或系带款廓形为主 / 羊毛格纹大衣 / 人字纹大衣
羽绒	风衣式羽绒服 / 直身型简约版型 / 经典的条纹或格纹绗缝线 / 一手长为主
裤装	西装直筒裤 / 阔腿裤 / 直筒牛仔裤 / 微喇裤 / 小脚裤
半裙	A 字裙 / 百褶裙 / 皮质筒裙 / 牛仔、真丝或醋酸面料 / 精纺毛料为主 / 长裙为主

职场通勤风群体的造型搭配偏好

妆容	淡颜系，重点打造清淡自然的氛围感，清透的底妆没有过多的修饰，还原五官特征，柔和眼影，偏低饱和度淡奶茶色口红，打造素颜妆感
发型	低马尾 / 松弛大卷发 / 短发 / 随性抓发 / 披肩直发
配包	法棍包 / 公文包 / 豆腐包 / 托特包 / 信封包 / 贝壳包 / 马鞍包 / 手链包 / 菱格包
鞋袜	乐福鞋 / 吸烟鞋 / 穆勒鞋 / 简约中筒靴 / 高跟踝靴 / 奥赛高跟鞋 / 踝带鞋 / 露跟鞋
配饰	小量感简约耳饰 / 精细金属项链、手链、胸针 / 细腰带 / 精细链条手表
发饰	贝雷帽 / 树脂发卡

搭配方案

针织打底 + 衬衫 +

西装半裙套装

西装套装采用极简的版型，
松紧有度，优雅而不失力量
感，搭配亮色打底衫，与衬
衫一起叠穿，可打造高智感
职场穿搭。

经典款风衣

经典的中长款风衣作为
经久不衰的职场单品，
帅气干练，可以当作连
衣裙或外套穿搭，让职
场通勤或日常出行都能
保持优雅知性的气质。

真丝衬衫
+
醋酸半裙

衬衫与半裙的搭配是职场的经
典组合，高级柔软的材质散发
着温柔知性的气质，飘带设计
增加了几分优雅感。

马甲外套

风衣马甲保留风衣的经典外观，
收腰的 A 字廓形松紧有度，再
搭配开衩拖地喇叭裤，高挑飒
爽，是高级的职场穿搭。

收腰连衣裙

连衣裙是职场人的夏季
必备单品，以收腰版型
为主，材质也比较讲究，
如真丝、全棉、醋酸等，
用简单的单品塑造干练
与优雅气质。

西装 + 衬衫 + 牛仔裤

西装不一定要以套装的形式呈
现，搭配简约衬衫与牛仔裤，
可以打破过于严谨的印象，更
显年轻活力感。

关键单品

职场通勤风单品，讲究舒适、大气与实穿性，强调不过时的质感与精致度。经典风衣、极简西装、真丝衬衫等，都是经久不衰的经典单品，既得体又百搭，轻松应对日常职场与多元场合。

棉质小衫

夏日通勤的经典单品，款式以极简为主，选择舒适的棉质面料，简约高级，诠释职场知性之美。

真丝衬衫

真丝是职场风中的常用材质，质感垂顺，柔软高级，飘带、打结都是可以提升精致度的小细节。

西装马甲

西装马甲既有着西装外套的优雅大气，又在体量上更加轻盈灵巧，同时腰带的设计能够完美提升腰线比例。

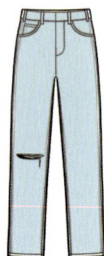

简约牛仔裤

牛仔裤作为百搭单品，在当下通勤穿搭中必不可少，简约的版型、干净的浅色水洗效果，赋予职场穿搭一丝休闲感。

收腰连衣裙

连衣裙是职场人夏季必备单品，多为衬衫式或者极简款式等，收腰版型，结合真丝、全棉等材质，舒适优雅。

西装外套

西装是职场必备单品，打破原来职业套装的呆板，极简版型赋予多元化的细节，可选择套装形式也可搭配牛仔裤，实现日常通勤多场景切换。

经典款风衣

秋天外套必备单品，经典极简版型，可做外套穿搭，也可系起来作为连衣裙，满足日常和通勤的着装需求。

醋酸半裙

自带珠光感的醋酸面料是通勤风常用材质，质感垂顺，与西装搭配气场十足，搭配真丝上衣，简约精致又不失时髦感。

关键配饰

职场通勤风配饰的主要作用是增加气场，提升气质和精致度，一般会选择经典色系，造型设计简单，比如经典款包袋、手表、小皮鞋等，适配性高且能提升穿搭的质感。

珍珠耳环

温柔的珍珠非常贴合通勤风的气质，是提升穿搭精致度的主要配饰之一。

手表

手表在职场上的实用性很高，可以起到很好的点缀作用，小表盘款式更显精致。

墨镜

墨镜是通勤风不可或缺的时尚单品，极简又高级，凸显气场。

乐福鞋

高跟鞋优雅知性，但舒适度和实穿性欠缺，相对地，乐福鞋更加舒适自在。

金属极简耳环

金属质地的耳环比起珍珠款式，更加适合气场较强的职场女性，款式简约、大气。

尖头高跟鞋

尖头高跟鞋是职场中提升整体气场的关键配饰，搭配阔腿裤或百褶裙瞬间气场拉满。

经典款包袋

当代通勤除了服装单品趋于基础简约款，包袋这种大面积的配饰也倾向经典简约的形式，颜色多以百搭的中性色或者大地色为主，强调沉稳大气。

关键色彩

职场通勤风常用柔和的色调作为基础色，加以亮色点缀增加时髦度，优雅高级的紫色是比较常用的亮色之一，与温柔的大地色搭配，高级感十足。

温柔清新的蓝色，多用于牛仔、棉质上，搭配灰色中性色，打造日常休闲通勤的穿搭氛围感。

16 法式田园风

乡村浪漫　法式甜美　自然优雅

风格解读

法式田园风是起源于南法田园乡村的一种自然、优雅、轻松的穿搭风格，倡导回归自然，推崇自然美学，既有随性自在的慵懒美，又带有几分惬意闲适的度假感，同时也具有浪漫优雅的氛围感。通常以淡雅的色彩、舒适的版型，结合清新的小碎花或格纹图案、草帽、花环、发带、编织包等元素来呈现惬意、舒畅、自然的田园氛围。

群体分析及生活场景

法式田园风格人群主要为 18~38 岁淑女群体，以学生群体、职场女性或家庭主妇为主。她们热爱生活，热爱大自然，也会比较喜欢安静，从内而外散发一种随性简约的浪漫情怀。对单一物质的追求欲不高，更关注生活中的点点滴滴，经常买绿植、花卉来点缀生活。

适合人物风格：优雅型

法式田园风群体的品类款式偏好

上衣	箱型廓形为主 / 碎花图案 / 泡泡袖 / 娃娃领 / 木耳边 / 打揽 / 碎褶 / 棉、真丝面料
连衣裙	A 字版型为主 / 中长款 / 碎花图案 / 泡泡袖 / 飞袖 / 打揽 / 木耳边 / 碎褶 / 棉、真丝材质
针织	短款为主 / 风景图案提花 / 花卉刺绣 / 泡泡袖 / 边缘撞色 / 绞花 / 套头衫、背心或开衫
西装	正肩箱型版型为主 / 短款 / 一手长款 / 棉、真丝等材质
风衣	宽松版型为主 / 法式风格 / 衬衫领 / 棉锦面料 / 棉、真丝面料
裤装	阔腿版型 / 喇叭版型 / 背带式 / 做旧水洗面料 / 花卉刺绣
半裙	A 字版型为主 / 中长款 / 碎花图案 / 碎褶 / 松紧腰头 / 棉、真丝等材质

法式田园风群体的造型搭配偏好

妆容	淡颜系，甜美感妆容，轻透的底妆，眼妆简单，氛围感腮红，唇色自然，伪素颜元气感
发型	丝巾低马尾 / 长发披发 / 双麻花辫 / 丸子头 / 法式卷发 / 丝巾绑发
配包	编织手提包 / 棉麻单肩包 / 挎包 / 编织水桶包 / 花篮造型包加花束塑造氛围感
鞋袜	玛丽珍单鞋 / 小皮鞋 / 西部短靴 / 奶奶鞋 / 薄底白色乐福鞋
配饰	珍珠耳饰 / 珍珠项链 / 花朵形状的耳环、项链或戒指 / 以树脂材质为主
发饰	编织草帽 / 花形图案发箍 / 花环装饰 / 甜美装饰感发绳 / 丝巾

搭配方案

棉质蕾丝绣花连衣裙

法式田园女孩夏季必备仙女裙，无论是长袖还是短袖，简单搭配一些饰品都非常随性且优雅。

碎花连衣裙

碎花是法式风格经典代表元素，整体会比较素雅，细节上一般会用泡泡袖、方领、贝壳领等来塑造复古情调，带来具有假日氛围的时尚穿搭风格。

碎花小衫
+
半裙

经典碎花套装省去了搭配的烦恼，清新的碎花营造出清爽的田园气息，泡泡袖的设计甜美元气，彰显少女感。

牛仔裤

风景元素提花的针织背心，清新又可爱，内搭法式衬衫叠穿出层次感，与牛仔喇叭裤搭配，营造法式复古穿搭氛围。

牛仔背带裤

+

格纹衬衫

野餐格纹图案是田园风经典的元素之一，呈现出休闲的田园气息，搭配牛仔背带裤，营造自然惬意的氛围。

碎花半裙

+

西装

+

小衫

淡雅的西装搭配柔和色调的碎花半裙和荷叶边领的衬衫，展现出优雅又不失浪漫的风格。

关键单品

法式田园风的单品主要围绕几个经典元素：小碎花、野餐格纹、泡泡袖、方领等来塑造清新自然的田园活力氛围，材质主要以棉、真丝一类的天然材质为主，版型舒适、简约。

碎花泡泡袖小衫

清新的碎花营造出清爽的田园气息，少女感的泡泡袖设计是法式田园风的标配。

提花针织马甲

针织马甲用来丰富搭配层次，运用自然花卉等图案，与碎花衬衫、连衣裙叠穿搭配，打造田园文艺风。

牛仔背带裤

复古休闲感的背带裤搭配衬衫或 T 恤，打造舒适自然的穿搭氛围。

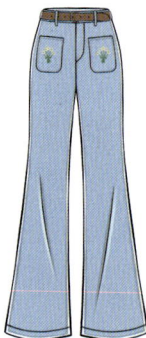

复古牛仔裤

直筒或微喇版型的牛仔裤，是打造氛围感的百搭单品，让整体穿搭散发青春活力。

手工刺绣毛衫

手工钩织的刺绣图案呈现高级精致感，田园浪漫的花朵造型、法式经典的泡泡袖设计，让基础款式多了一丝浪漫与柔美。

法式仙女裙

干净的白色搭配天然棉麻材质，轻松舒适，大裙摆的设计，塑造愉悦度假的氛围感。

格纹衬衫

野餐格纹是田园风经典的元素，棉、麻材质舒适亲肤，结合简约版型的衬衫，呈现出轻松惬意的田园气息。

碎花连衣裙

清新的碎花图案作为法式风格的经典元素，运用打揽、抽褶的手法，结合泡泡袖、木耳边等结构，打造柔美的法式田园风。

关键配饰

法式田园风的配饰复古、简约，有着浓浓的手作感，比如草帽、编织袋等，材料多选用自然材质，没有太多花哨的装饰，主要起到丰富层次的作用。

发箍

发箍是法式田园风中常用来装饰造型的单品，素色或田园风印花图案的宽发箍都极具复古优雅感。

编织手提袋

编织工艺的手工感打造田园氛围，是夏季百搭单品，方便好携带，搭配连衣裙，满满的度假风。

编织草帽

编织工艺适合用来打造田园度假氛围，草帽是必不可缺的配饰单品，搭配清新的碎花衬衫、连衣裙，即可打造浪漫、优雅的法式风情。

单鞋

法式田园风的穿搭重点打造自然优雅的气质，玛丽珍单鞋、浅口靴都是此风格搭配率很高的单品。

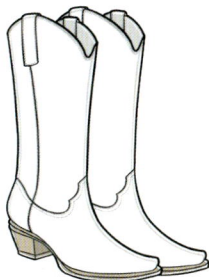

珍珠耳饰

珍珠耳饰能运用的风格范围比较广，自带优雅气质的珍珠元素在法式田园风中也很适配，为风格增添精致感。

短靴

短靴能够增加田园风的时尚感，搭配清新的碎花裙，带来甜美与帅气的融合美。

珍珠项链

碎花连衣裙、小衫与珍珠元素比较适配，优雅的珍珠能起到很好的点缀作用，为整体造型提升精致度。

花篮手袋

自然风格的编织包与鲜花的组合，生活气息浓厚，非常适合拍照。

关键色彩

运用野餐格纹和明艳轻快的橘色,展现活力十足的元气感,牛仔色是法式田园风的关键辅助色,几乎可以出现在任何一组配色中。

不同于橘色的明艳,浅淡的牛油果色更显温柔、淡雅,绿色是疗愈色系,能带给人大自然的生机感。

17 街头嘻哈风

个性不羁　自由奔放　多元混搭

嘻哈风穿搭是一种起源于二十世纪七八十年代美国黑人街头穿搭的潮流风格，在服装中融合了音乐、舞蹈、涂鸦艺术以及风格、文化和哲学，表达不同于主流的自由精神，营造个性、随性不羁的街头风。通常用宽松的版型、涂鸦印花、运动鞋、棒球帽、头巾以及金属质感的配饰等元素，结合脏辫造型，来诠释自由奔放的个性，流露出不羁的美感。

群体分析及生活场景

街头嘻哈风人群主要为18~35岁年轻女性，以学生群体或从事歌手、舞者、制作人以及自由职业者等群体为主。她们富有青春活力和自由奔放的个性，不拘于传统的规则和束缚，热爱嘻哈风格音乐，热爱滑板等运动，喜欢涂鸦艺术，喜欢文身，追求自由、不羁和个性展现的生活方式。

适合人物风格：少年型

街头嘻哈风群体的品类款式偏好

上衣	宽松版型为主 / 中性款式 / 涂鸦元素图案 / 棉质面料 / 印花 T 恤、卫衣
套装	套装搭配 / 下装以裤装为主 / 运动背心、裤子套装 / 卫衣、卫裤套装
衬衫	宽松版型为主 / 中性款式 / 棉质面料 / 牛仔面料 / 格纹衬衫 / 牛仔衬衫
针织	紧身版型为主 / 打底作用 / 涂鸦元素印花 / 打底衫
外套	宽松版型为主 / 中性款式 / 牛仔面料 / 涂鸦元素印花 / 棒球服外套 / 牛仔外套
夹克	宽松版型为主 / 中性款式 / 涂鸦元素印花 / 徽章元素 / 皮质夹克 / 工装风夹克
羽绒	运动风格 / 色块拼接 / 短款为主 / 中性款式 / 夹克式 / 衬衫式
裤装	宽松版型为主 / 松紧腰 / 束脚裤 / 运动阔腿裤 / 阔腿牛仔裤 / 五分工装裤

街头嘻哈风群体的造型搭配偏好

妆容	浓颜系，轻欧美风妆容，底妆健康自然，烟熏眼妆，黑色、大地色截断眼影，全包眼线，雾面深色口红，鼻钉或唇钉装饰
发型	多辫披发 / 双马尾 / 拳击辫 / 脏辫 / 狼尾鲻鱼头 / 头巾包发
配包	以中性风个性化包型为主 / 斜挎胸包 / 腰包 / 机能风包 / 腋下包 / 链条包 / 个性皮质双肩包
鞋袜	马丁靴 / 运动鞋 / 板鞋 / 老爹鞋 / 系带中筒靴 / 运动风长筒袜
配饰	配饰多以中性款式为主 / 大尺寸的项链、手链、耳环 / 几何感硬朗造型
发饰	嘻哈风头巾 / 棒球帽 / 鸭舌帽 / 针织毛线帽 / 运动发带 / 头戴式耳机 / 个性渔夫帽

搭配方案

运动内搭套装
+
衬衫式外套

随着健身的兴起，运动服装开始走入日常生活，健身套装简单搭配一件衬衫或轻薄外套，再戴一顶嘻哈感渔夫帽瞬间增添潮流度，随性又帅气。

牛仔外套 + 运动裤 + 印花T恤

中性帅气的牛仔外套，涂鸦感的T恤搭配头巾、耳机等配饰，再搭配运动束脚裤，凸显街头氛围感，嘻哈风女孩练舞、滑板的潮流穿搭。

T恤 + 衬衫 + 短裤

宽大T恤和衬衫塑造假两件的穿搭效果，T恤随性的破洞细节增添时尚度，搭配银色胸包，打造随性洒脱的街头潮流感。

146

健身套装搭配棒球夹克、棒球帽和耳机更显潮流日常，腰系衬衫，搭配墨镜，轻松日常，脱下外套，就可以直接健身。

卫衣和高筒靴穿搭，打造"下衣失踪"的视觉效果，搭配存在感较强的金属链条配饰更能增添嘻哈感。

截短上衣 + 休闲裤 +

运动背心

嘻哈街舞女孩氛围感的穿搭，基础背心搭配休闲裤，点缀一件截短上衣，瞬间提升层次感与时尚度。

关键单品

街头嘻哈风的单品特征主要体现在宽松、自由和不拘小节的风格上。特大码版型、街头元素、运动元素、工装元素以及涂鸦艺术图案等都是街头嘻哈风的关键要素。

运动背心

运动背心基础百搭，搭配高腰裤可以拉长下半身，呈现简约率性的运动形象。

涂鸦印花打底

涂鸦印花是街头嘻哈风的代表元素之一，高弹面料搭配T恤塑造假两件的视觉效果，丰富穿搭层次。

棒球夹克

美式街头文化的经典时尚单品，趣味文字的贴布绣或赛车中的棋盘格都是常见元素，活力帅气。

涂鸦印花T恤

涂鸦印花是街头嘻哈风的代表元素之一，特大码的版型不挑身材，搭配链条项链，嘻哈氛围十足。

格纹衬衫

格纹是街头风的关键元素，休闲宽松又中性百搭，还可以选择解构设计的款式，个性潮流。

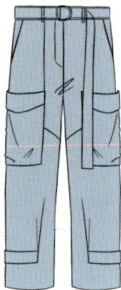

工装裤

宽松版型的工装裤呈现休闲中性风格，与运动感上衣或截短款外套搭配，是经典的街头帅气感穿搭。

衬衫式夹克

衬衫式夹克，除了单穿，内、外可搭配其他品类，实用性极强。

牛仔外套

牛仔是塑造街头感的重要材质之一，中性风宽松版型帅气且百搭，带有破洞、喷绘涂鸦等设计细节的款式更是个性十足。

超大版型卫衣

舒适实用的卫衣在潮流文化中一直是具有代表性的百搭单品，超大版型结合代表性图案，打造随性自由的潮酷街头风。

关键配饰

街头嘻哈风的配饰特征是追求个性化和夸张化，饰品常常选取夸张、独特造型，如大尺寸的项链、手链、耳环等，具有强烈的视觉冲击力。棒球帽、针织帽、鸭舌帽、运动鞋、板鞋以及腰包、斜挎包等，也可以彰显佩戴者的与众不同和独特性。

金属项链

金属颈链是嘻哈风的必备配饰，大量感的链条或叠搭组合，非常吸睛，就算搭配一件简单的T恤，也能轻松打造出嘻哈文化的叛逆时尚。常见的有古巴链、费加罗链等。

棒球帽

棒球帽是街头嘻哈风的必备装备，轻松营造出时尚、个性感。

斜挎包

嘻哈风斜挎包搭配T恤、卫衣，潮流休闲兼具实用性，挎包、腰包都是两用款，无性别界限。

马丁靴

马丁靴算是街头文化中的重要单品，硬朗酷炫的设计自带街头潮流范儿，是提升气场的必备单品。

头戴式耳机

头戴式耳机除了实用性，更是打造复古感的时尚单品之一，可以和帽子进行叠搭，也可以挂在脖子上做装饰。

头巾

涂鸦元素的头巾为造型增添个性潮流感。

金属耳饰

异形或夸张的金属耳饰可叠戴组合，呈现嘻哈文化的叛逆时尚，营造酷飒的街头潮流感。

运动鞋

嘻哈街头风除了日常出街，适配的场景还涉及街舞、滑板一类，所以运动鞋是必不可少的单品，百搭的同时街头感十足。

机能感包

银色机能感解构包袋与金属铆钉元素的结合，兼具时尚、个性和实用性，轻松打造街头氛围感。

关键色彩

以牛仔色作为主色调，搭配紫色及具有涂鸦氛围感的灰色和亮彩色，营造活力、个性的街头氛围。

街头嘻哈风的色彩通常以鲜艳、对比强烈的颜色为主，如黄色、蓝色等。这些颜色不仅具有强烈的视觉冲击力，还能够表达出年轻、活力、自由的态度。